CONSTRUCCIÓN

DELFÍN 35-M
DELFÍN 35- E

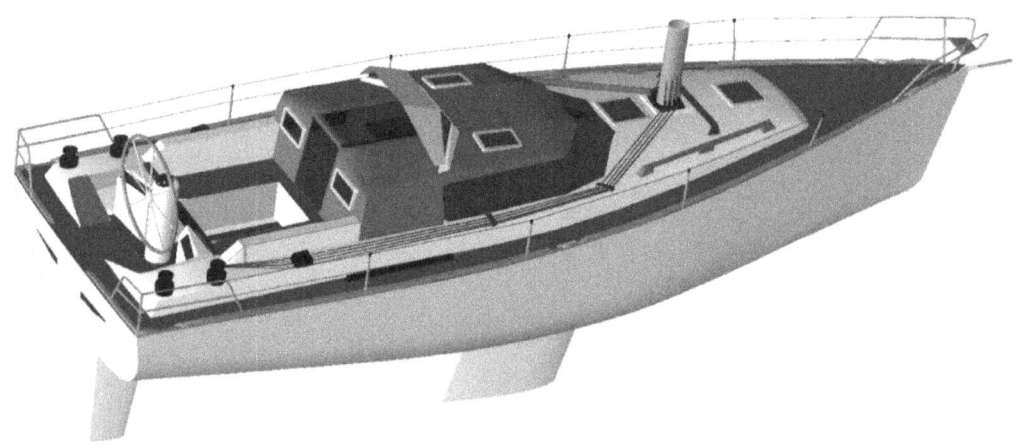

RMBARCACIONES INSUMERGIBLES CON RECUPERACIÓN DE LA FLOTABILIDAD
-IRF-

Métodos de construcción de los veleros con casco en sándwich y núcleos de madera y espuma. Embarcaciones Insumergibles, con recuperación de la flotabilidad –IRF-
EDICIÓN-Nº1

JUAN IGNACIO RADUAN PANIAGUA
jiraduan@gmail.com

TODOS LOS DERECHOS RESERVADOS

Registrados los derechos profesionales y de autor, a nombre de Juan Ignacio Raduan Paniagua

CUADERNOS NÁUTICOS

EMBARCACIONES INSUMERGIBLES
CON RECUPERACIÓN DE LA FLOTABILIDAD
IRF

TODOS LOS DERECHOS RESERVADOS

TODOS LOS DERECHOS RESERVADOS

RESUMEN

DOCUMENTACIÓN Y PLANOS

En este libro se pretende hacer una descripción detallada, sobre la construcción amateur de las embarcaciones a vela denominadas "Delfín 35 –M" y "Delfín 35-E". Embarcaciones con casco del tipo sándwich, formado en la primera embarcación por una laminación de fibras y resinas en el interior, núcleo de madera y fibras y resinas al exterior y en la segunda con el núcleo de espuma.

Describiremos la construcción de un tipo de embarcaciones, denominadas IRF (Insumergible con Recuperación de la Flotabilidad), siguiendo dos métodos, uno con núcleo de madera y otro que simplifica la ejecución del anterior mediante núcleo de espuma, permitiendo un ahorro de tiempo.

La explicación de estos dos métodos de construcción, se harán sobre un diseño de embarcación a vela tipo "Delfín 35", cuyos planos a quien le pueda interesar, se podrán adquirir para su construcción. Estos subministraran adquiriendo los "Cuadernos Náuticos Delfín 35-M" o bien los "Cuadernos Náuticos Delfín 35-E" los cuales contienen un índice de los planos que serán suministrados, mediante el relleno de una ficha situada al final de estos cuadernos, la cual mandaremos una copia o fotografía en formato (**jpg**). En la que los datos queden reflejados con la suficiente claridad, al correo electrónico: jiraduan@gmail.com

Los planos serán enviados en formato del tipo (**pdf**), para la impresión de los mismos, al correo electrónico del destinatario, situados en 4 carpeteas:

CARPETA Nº1.- Plantillas
CARPETA Nº2.- Planos
CARPETA Nº3.- Detalles
CARPETA Nº4.- Documentación

Todo lo expuesto en este libro, tiene como único objetivo, dar la documentación detallada, la información y los métodos a seguir, para poder optar por la realización de una construcción, siguiendo uno de los dos métodos que se indican, con materiales que se utilizan en la construcción profesional de embarcaciones.

Este libro está dirigido a todo el mundo de la náutica, profesionales, empresarios, estudiantes y emprendedores, en el cual pretendo aportar mis conocimientos y experiencias con el fin de contribuir a mejorar la seguridad en el mar.

¡¡ Una navegación segura para un regreso feliz !!

Juan Ignacio Raduan Paniagua

TODOS LOS DERECHOS RESERVADOS

AGRADECIMIENTOS

Mi agradecimiento a las personas que me han facilitado la realización del presente trabajo, con cita especial de Don Luis Vinches, Decano Presidente de Ingenieros Navales y Oceánicos de España, por su apoyo en mis métodos sobre las embarcaciones insumergibles con recuperación de la flotabilidad – IRF.

Agradezco a Don Luis Fernández Cotero, por su aportación en la dirección de los Cursos de Diseño y tecnología de la construcción de embarcaciones de recreo y competición YTB-09, realizada en la Facultad Náutica de Barcelona.

JUAN IGNACIO RADUAN PANIAGUA

TODOS LOS DERECHOS RESERVADOS

Contenido

RESUMEN 4
   DOCUMENTACIÓN Y PLANOS 4
  AGRADECIMIENTOS 6

1.-ABANDERAMIENTO 13
  1.1.-CONSTRUCCIÓN AMATEUR 14

2.-CARACTERÍSTICAS 15
  VELERO DELFÍN 35 –IRF 16
    CARACTERÍSTICAS: 16
    Tabla 1 16
    MÉTODO 1 16
    MÉTODO 2 17
    CARACTERÍSTICAS 17
    BALANCEO LONGITUDINAL –IRF 21

3.-PLANOS EMBARCACIÓN 24
  RECEPCIÓN DE PLANOS 25
    CARPETA-1 25
    CARPETA-2.- 25
    CARPETA-3.- 25
    CARPETA-4.- 25

4.-ESPACIOS 28
  ESPACIOS DE TRABAJO 29
  4.2.-REPLANTEO 30

5.-PLANTILLAS 33
  CONSTRUCCIÓN DEL CASCO 34
    PLANTILLAS 34
  COLOCACIÓN SECCIONES 38

6.-MATERIALES 42
  MADERAS 43
    TABLEROS 43
    TABLA 2 43
    TABLA 3 44
    TEKA 45
  -ESPUMAS 46
    TABLA 4 47

FIBRA DE VIDRIO 47
    TABLA 5 47
    TABLA 6 47
    FIBRAS 48
    TABLA 7 48
DESMOLDEANTES Y ACCESORIOS 49
    TABLA 8 49
RESINAS 50
    LAMINACIÓN - POLIESTER 50
    TABLA 9 50
    DESCRIPCIÓN 50
    FUNCIÓN 50
    MEZCLADOR 50
    RESINAS NO ACELERADAS 51
    TABLA 10 51
MATERIAL LAMINACIÓN POLIESTER 52
    TABLA 11 52

7.-HERRAMIENTAS 53

HERRAMIENTAS TRABAJOS CARPINTERIA 54
    TABLA 12 54
HERRAMIENTAS TRABAJOS POLIESTER 55
    TABLA 13 55
HERRAMIENTAS TRABAJOS GELCOAT 57

8.-EQUIPOS 58

EQUIPOS VARIOS 59
    TABLA 15 59

9.-MÉTODO 1 61

PLANOS 62
    MÉTODOS 1 y2 62
    2.-CARPETA 62
    3.-CARPETA 62
    4.-CARPETA 62
DESCRIPCIÓN NÚCLEO DE MADERA 63
    MÉTODO-1 63
LISTADO PLANTILLAS 64
MÉTODO 1 64

PLANTILLAS 64
   Planos de las plantillas, secciones transversales (ST). E:1/1. 64

10.-MÉTODO 2 66
-DESCRIPCIÓN NÚCLEO DE ESPUMA 67
   MÉTODO-2 67
LISTADO PLANTILLAS 68
   MÉTODO 2 68
LISTADO DE PLANOS - MÉTODO 2..68

11.-MÉTODOS 1 y 2 69
LISTADO DE PLANOS - MÉTODO 1 y 2 70
PLANOS DE FORMAS -PF 70
   PF-01.- Plano de formas- Secciones de construcción. 71
   PF-02.- Distribución interior- Espacio disponible en la cabina- Maniobra cubierta. 72
   PF-03.- Zonas de laminación, capas y detalles. 72
   PF-04.- Zonas de laminación de la cubierta – Detalles. 73
   PF-05.- Laminación refuerzos casco – Detalles. 73
   PF-06.- Zona a reforzar para colocación de equipos – Detalles.................74
21.-SUPERFICIE VELICA SV. 75
   Plano velico – Crucetas – Obenques – Estay de proa y popa - SV. 75
22.-SECCIONES TRANSVERSALES-ST 76
   ST-01.- Secciones transversales – Corte de los mamparos ST. 76
   ST-02.- Secciones transversales – Corte de los mamparos. 76
   ST-03.- Secciones transversales – Corte de los mamparos 77
   ST-04.- Secciones transversales – Corte de los mamparos – Detalle. Fig.74 77
   ST-05.- Secciones transversales – Corte de los mamparos – Espejo – Detalles 78
   Secciones transversales – Zona bañera- Detalle. 78
SECCIONES LONGITUDINALES - SL 79
   SL-01.- Secciones longitudinales – Corte mobiliario..................................79
   SL-02.- Secciones longitudinales – Corte mobiliario..................................79
   SL-03.- Secciones longitudinales – Corte mobiliario..................................80
   SL-04.- Secciones longitudinales – Corte mobiliario..................................80
   SL-05.- Secciones longitudinales – Corte mobiliario..................................81
SECCIONES HORIZONTALES – SH 82
   SH-01.- Secciones horizontales – Piso - Corte mobiliario 82

SH-02.- Secciones horizontales – Piso - Corte mobiliario. 82
SH-03.- Secciones cabina – Detalles. 83
SH-04.- Secciones cabina – Detalles. 83
SH-05.- Secciones cabina – Detalles despiece. 84
INSUMERGIBILIDAD - IRF 85
IRF-01.- Colocación depósitos – IRF – Espumas 85
RF-02.- Colocación depósitos – IRF – Espuma 85
DETALLES TÉCNICOS – DT 86
DT-01.-Detalle Orza de perfil Naca maciza 86
DT-02.- Detalle Orza de perfil Naca maciza – Proceso constructivo. 87
DT-03.-Detalle timón. 87
DT-04.- Detalle sujeción obenques. 88
DT-05.- Detalle sujeción estay de popa y proa. 88
DOCUMENTACIÓN 89
CENTROS DE GRAVEDAD. 89
TABLA 16 89
TABLA 17 89

12.-MÉTODO 1 90
MÉTODO 1 91
CONSTRUCCIÓN DEL CASCO 91
ENCERADO 97
Advertencias: 98
LAMINADO ZONA CENTRAL 99
ESTRATIFICADO DEL CASCO 104
LAMINACIÓN INTERIOR 111

13.-MÉTODO 2 113
PLANTILLAS 114
CONSTRUCCIÓN - MÉTODO 2 116
APLICIÓN DEL GELCOAT 126
MASILLADO DE LAS SUPERFICIES 126
RECUPERACIÓN SECCIONES TRANSVERSALES 129
REFUERZOS CASCO 130
CUBIERTA 132

14.-REFUERZOS CASCO 133
REFUERZOS CASCO 134

15.-INTERIORES 142

INTERIORES 143

16.-CUBIERTAS **147**
CUBIERTAS 148
REFUERZOS DE CUBIERTA 155

17.-TIMÓN **156**
TIMÓN 157
   CONSTRUCCIÓN DEL TIMÓN 157
   TABLA 19 161
   FUNCIONAMIENTO DEL TIMÓN 163

18.-LASTRE **165**
ORZA MACIZA (Lastre) 166
   SISTEMA CONSTRUCTIVO 167
ORZA MACIZA PARCIAL (Lastre) 169
   TABLA 19 169
INSTALACIÓN DEPÓSITOS Y BATERIAS 171
   TABLA 20 172
INSTALACIÓN –IRF- 173

19.-PUBLICACIONES **175**
PLANOS, PLANTILLAS Y DOCUMENTACIÓN 176

1.-ABANDERAMIENTO

1.1.-CONSTRUCCIÓN AMATEUR

La descripción de dos Métodos de construcción de una embarcación de 35 pies **DELFÏN 35**-IRF, de forma amateur.

Toda la Información a nivel de España y de la CE, según el " ***RD 1435/2010*** ", referido al abanderamiento y matriculación de las embarcaciones de recreo en España, el texto en un apartado dice:

> *Todas las embarcaciones de recreo de eslora igual o inferior a 12 m, estan exentas de la obligación de abanderamiento y matriculación, asi como de despacho, siempre que la propia embarcación y su equipo propulsor ostenten el marcado CE.*

Las embarcaciones menores de 12 m. de eslora, deberan ser inscritas, colocando el número de inscripción en las amuras.

Las embarcaciones menores de 12 m. de eslora, construidas de forma amateur por un particular, que no tengan marcado CE., deberan ser abanderadas y matriculadas, esta tramitación se hará presentando un proyecto elaborado y firmado por un técnico competente. Esto es aplicable solo a la CE, el resto de paises se aplicaran las normativas vigentes en cada uno de ellos.

2.-CARACTERÍSTICAS

VELERO DELFÍN 35 –IRF

Desarrollaremos en este, dos tipologías de construcción amateur, sobre un mismo modelo de embarcación, el velero "**Delfín 35 M -IRF**" con el casco en sándwich con el núcleo de madera y el "**Delfín 35 E-IRF**", con el núcleo de espuma. Ambos tendrán una Orza maciza de perfil NACA, para simplificar su construcción.
.Fig.01

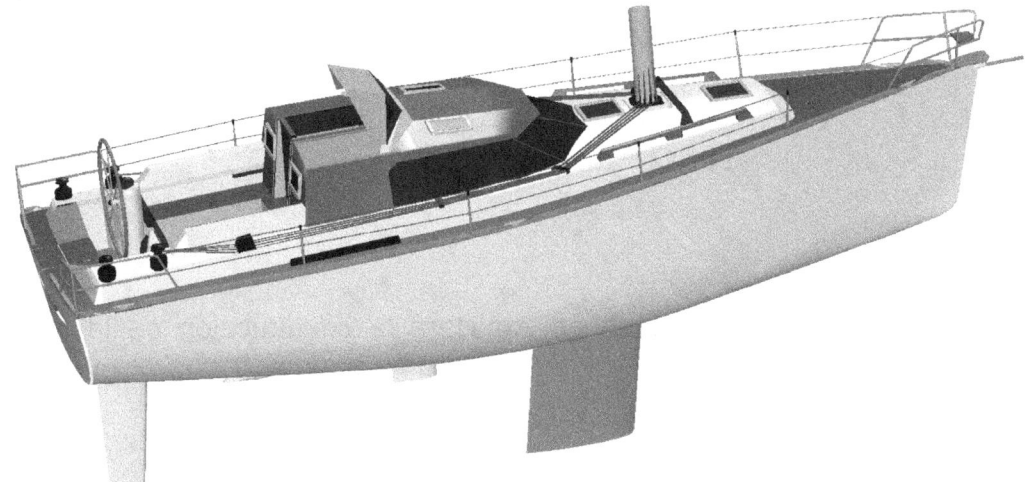

Fig.01.- Embarcación a vela "DELFÍN 35". Orza maciza sin bulbo.

CARACTERÍSTICAS:

Tabla 1

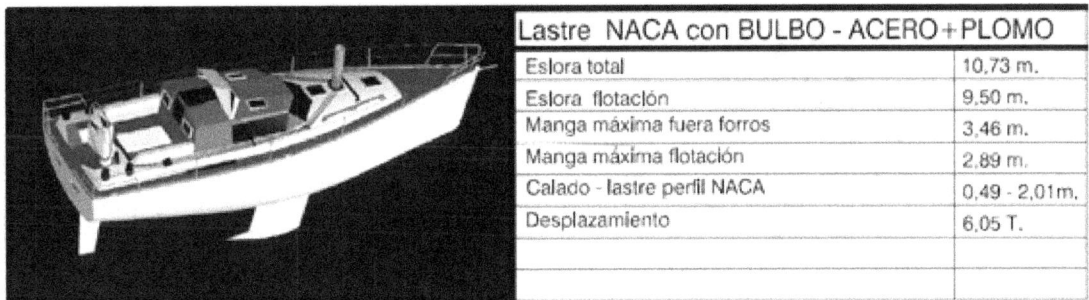

Lastre NACA con BULBO - ACERO+PLOMO	
Eslora total	10,73 m.
Eslora flotación	9,50 m.
Manga máxima fuera forros	3,46 m.
Manga máxima flotación	2,89 m.
Calado - lastre perfil NACA	0,49 - 2,01 m.
Desplazamiento	6,05 T.

MÉTODO 1

El primer Método **METODO 1**, corresponde a la construcción de una embarcación **DELFÍN 35-M** con el casco del tipo sándwich con el núcleo de madera de Ocume, recomendada esta madera por ser de baja densidad.
.Fig.02

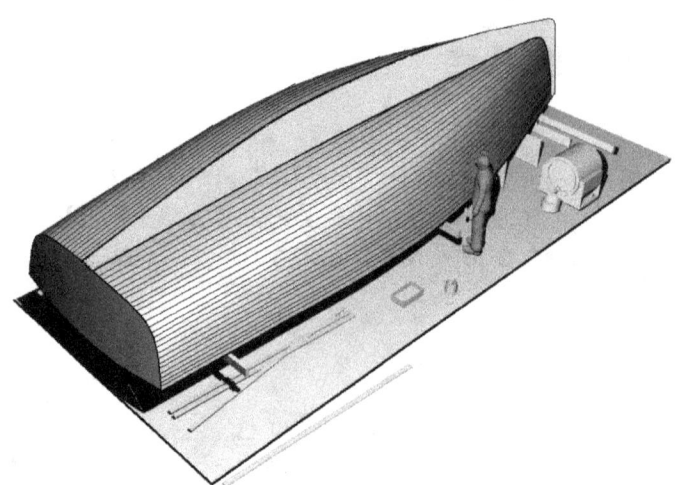
Fig.02.- Casco con núcleo de madera

MÉTODO 2

El segundo Método **METODO 2**, se explicará la construcción de la misma embarcación **DELFÍN 35-E**, con el casco del tipo sándwich con el núcleo de espuma, del tipo Divinycell, o similar.
Fig.03

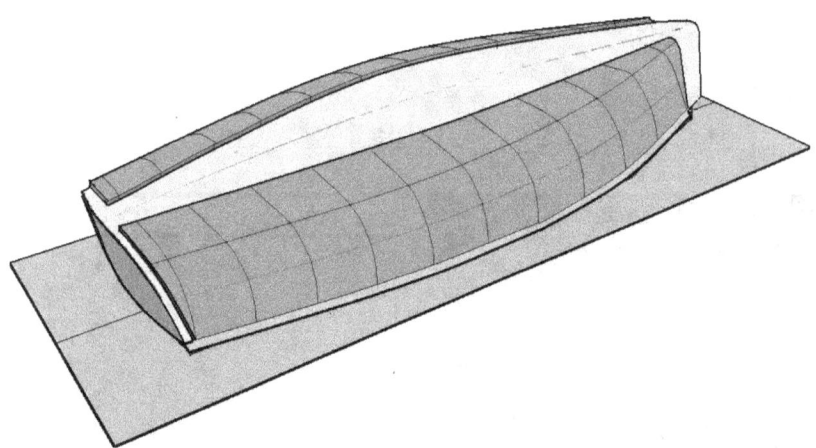
Fig.03.-Casco con núcleo de espuma

CARACTERÍSTICAS

La embarcación a vela **DELFÍN 35**, tiene las siguientes características interiores:

    1.-Compartimento del motor.
    2.-Dos camarotes dobles de popa.
    3.-Dos Armarios uno en cada camarote de popa.
    4.-Baño con ducha, lavabo y aseo
    5.-Cocina con fogones de gas, encimeras, nevera cajones y cubo basura.

6.-Zona interior del Timonel con asiento timón y mandos para el mal tiempo.
7.-Mesa de cartas.
8.-Estar comedor, con mesa plegable.
9.-Camarote doble de proa con doble armario
10.- Pozo de anclas.
Fig.04

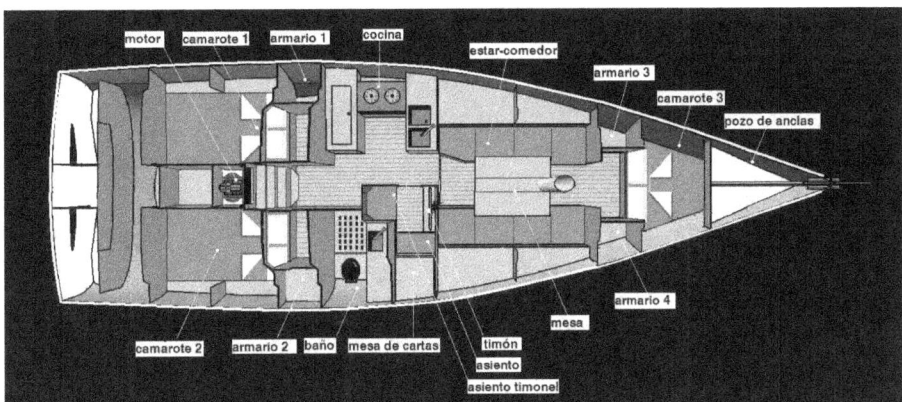

Fig.04.- Interiores

En los dos métodos de construcción amateur con casco tipo sándwich con núcleo de madera y núcleo de espuma, tienen la misma solución referente a las cubiertas y al techo de la cabina, realizada con madera contrachapada de Ocume, estratificado con resinas y espuma de relleno de la parte superior del cielo-raso.

En el dibujo se representan las distintas fases de la ejecución de la cabina, con los desagües del tambucho y ventilaciones de entrada y salida de aire frio y caliente del motor.
Fig.05

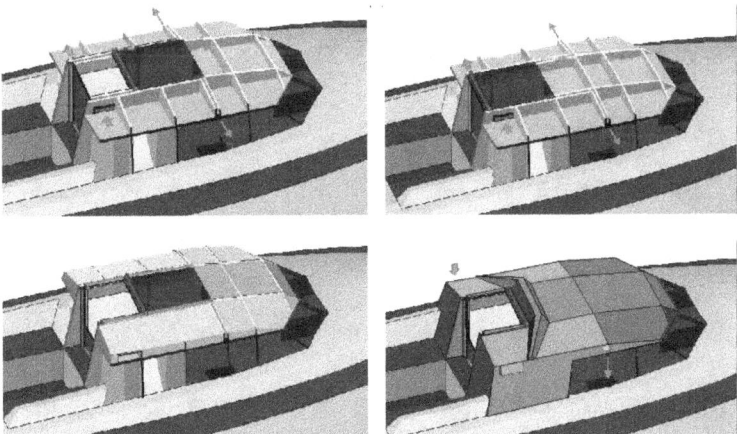

Fig.05.- Fases de construcción del techo de la cabina.

La cubierta de la cabina con espuma, tiene dos funciones:

1.- Aislar el interior
2.- En una escora máxima, crear un nuevo empuje, que evite el giro total de la embarcación.

La secuencia gáfica se desarrolla siguiendo las siguientes fases:

Situación horizontal. Peso embarcación **-P**. Peso empuje **E1**.
Equilibrio **P=E1**.
Fig.06

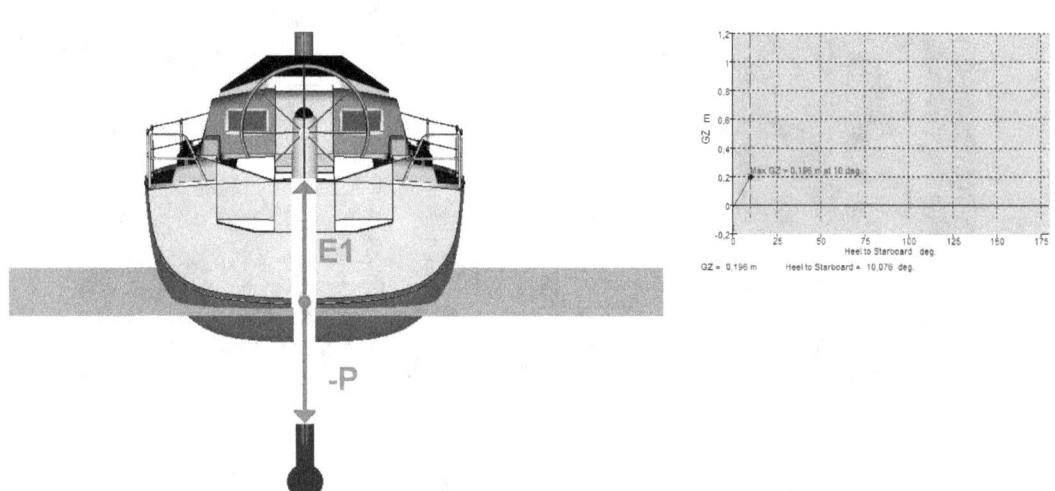

Fig.06.- Reacciones el la vertical

Escora embarcación
Fig.07

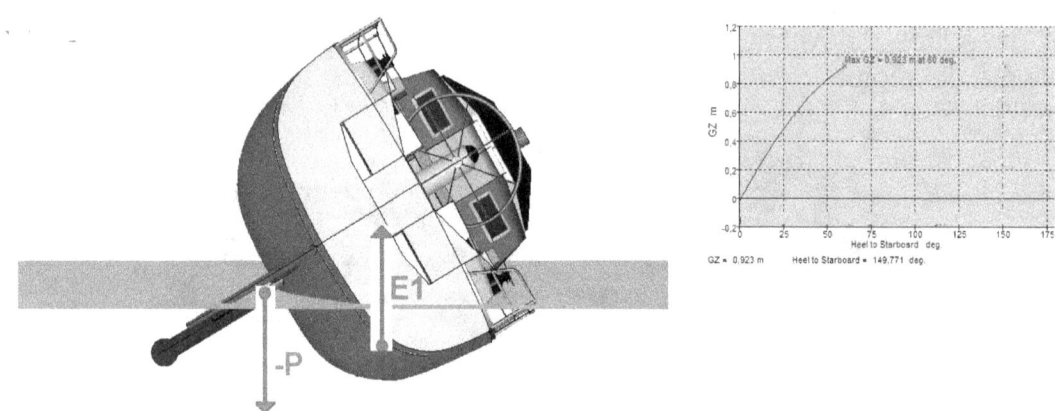

Fig.07.- Escora embarcación

La embarcación se recupera de la escora, evita el giro total de la misma.

Escora embarcación.
Peso embarcación **-P**.
Peso empuje **E1 +E2**.

-P<E1+E2.

Fig.08

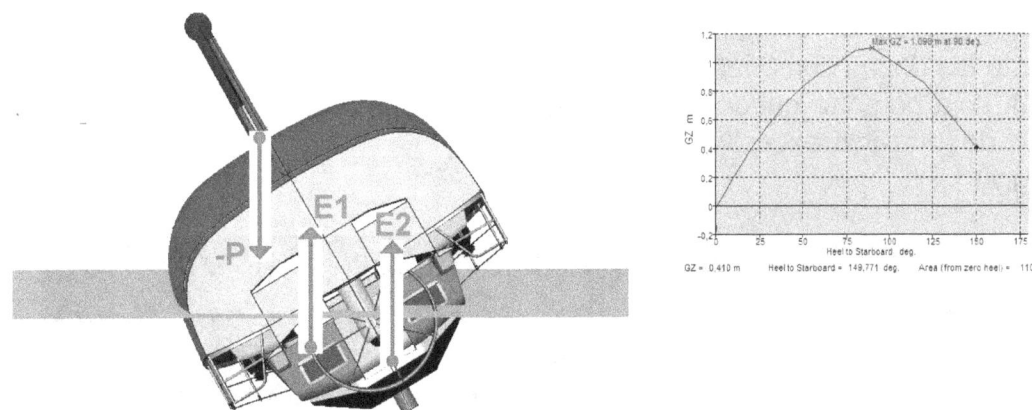

Fig.08.- Escora máxima

Vista de la distribución general del interior de la embarcación. Para conseguir la altura de **180** cm, en la zona de la mesa central, se rebaja el nivel del piso por debajo de la línea **IRF**, creando un escalón para acceder a la zona de la mesa central, esta solución es opcional.

Fig.09

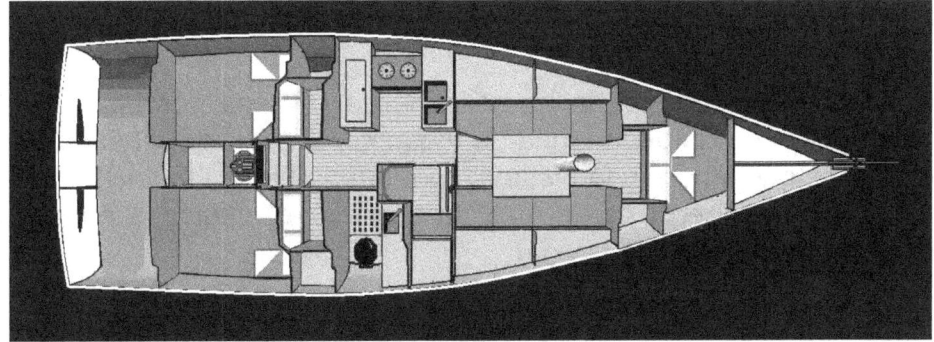

Fig.09.- Distribución total interior

Zonas interiores con alturas mínimas de **180** cm: Camarotes de popa, cocina, baño y conducción interior, timonería, alturas que permiten un desplazamiento cómodo.

La zona del baño permite que el navegante permanezca completamente de pie ante el espejo, sin tener que agacharse ante él
.Fig.10

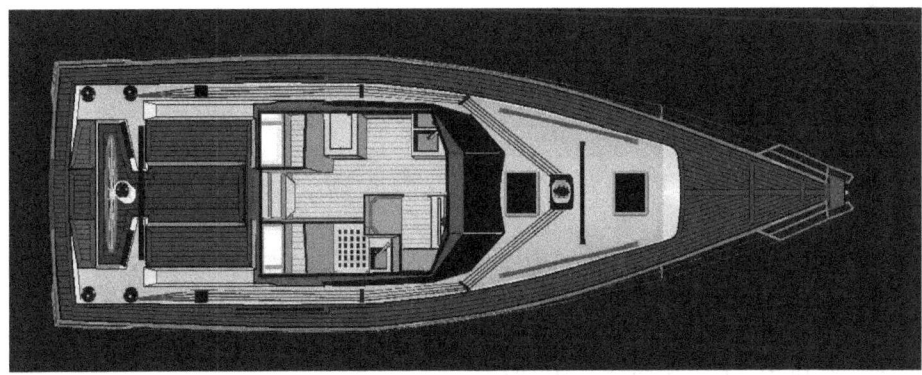

Fig.10.- Zona cabina, espacios de 180 cm de altura.

Vista general de la maniobra exterior, dirigida a la zona del timonel exterior, tanto las drizas como las escotas. Se pretende facilitar las maniobras para que una sola persona pueda navegar teniendo a mano toda la maniobra sin tener que desplazarse excesivamente del timón.
Fig.11

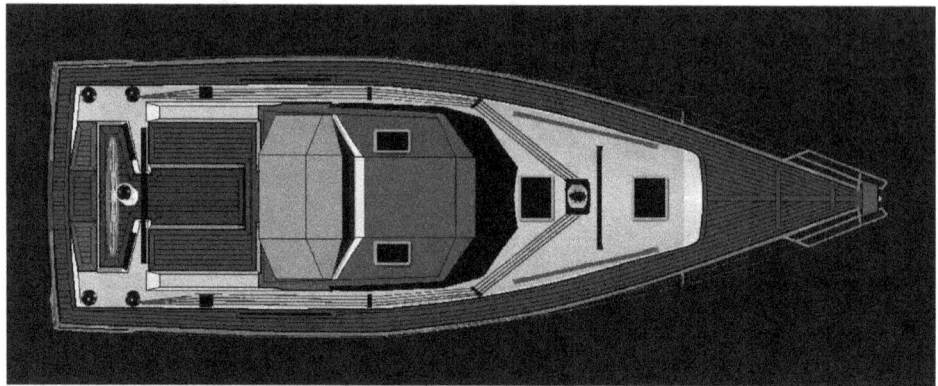

Fig.11.- Cubiertas y maniobra

BALANCEO LONGITUDINAL –IRF

Sección lateral, visualización de los rellenos de espuma, los cuales deberán estar **10** cm., por encima de la Línea de Flotación **LF**. Exceptuando la parte del piso de la mesa que tendrá una distancia por debajo de la línea **IRF**, para tener una altura de **1,80** m. en esta zona. Esta zona queda indicada en los planos constructivos con más detalle
.Fig.12

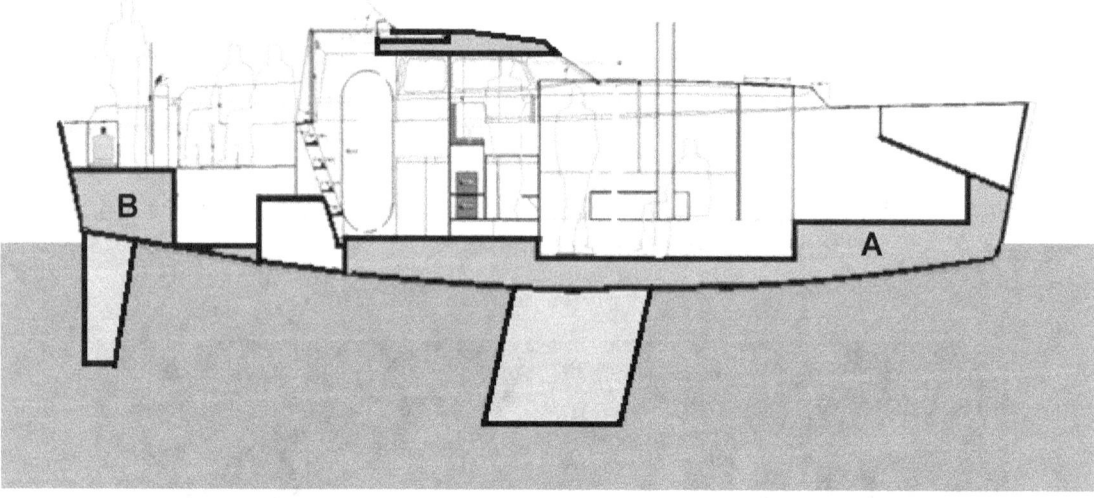

Fig.12.-Sección longitudinal volúmenes IRF.

1.- Supongamos que ha entrado agua en el interior por motivos del oleaje. En el caso de que el agua interior vaya hacia proa, por el movimiento de las olas, la reserva de flotabilidad de la proa **A**, produce un empuje hacia arriba, tendiendo a equilibrar la embarcación.

TODOS LOS DERECHOS RESERVADOS

Fig.13

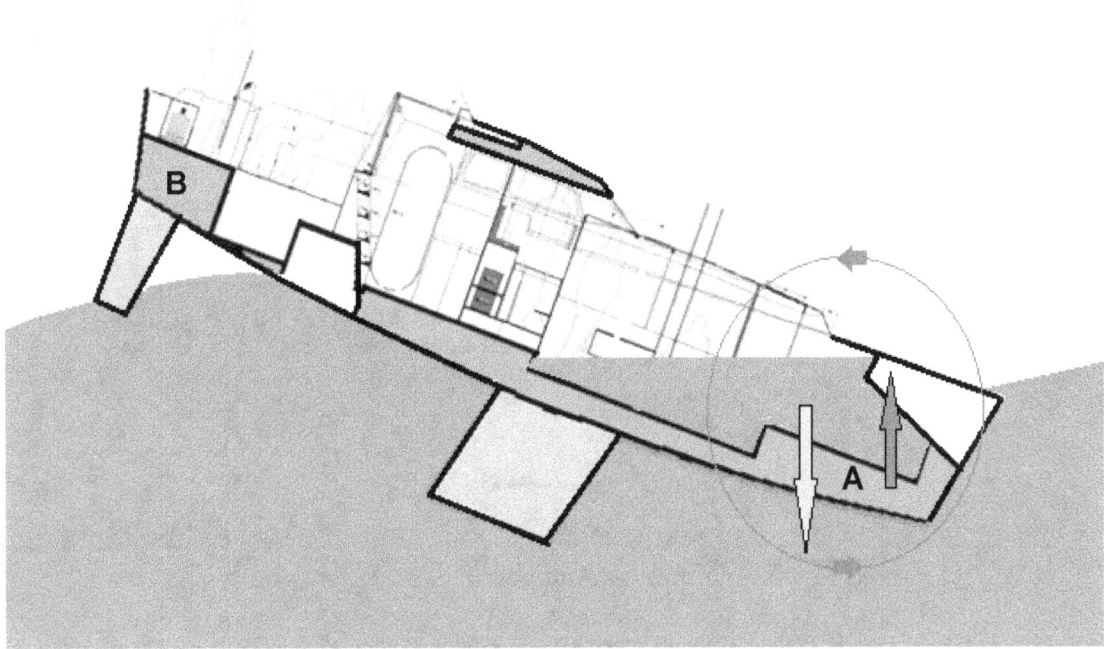

Fig.13.- Cabeceo de la proa, por las olas.

2.- El agua interior, por el movimiento de las olas, va hacia popa. La reserva de flotabilidad de la popa **B**, hace que estos volúmenes produzcan un empuje hacia arriba, equilibrando la embarcación hacia la horizontalidad.
Fig.14

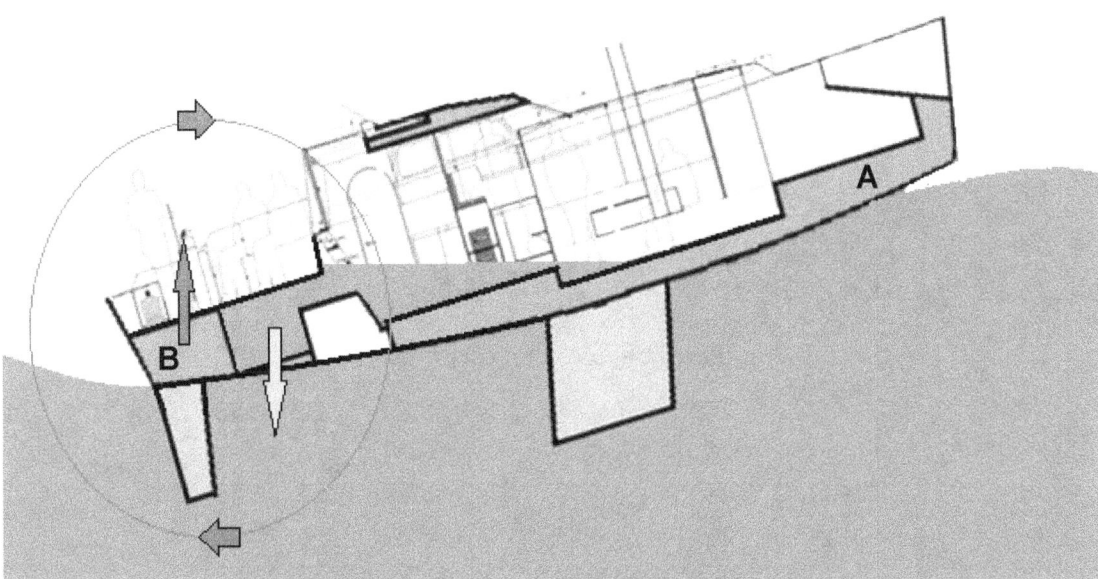

Fig.14.-Hundimiento de la popa, por las olas.

3.- El agua interior se ha nivelado con el mar en calma, esto hace que podamos evacuar el agua del interior, activando el **IRF**, para producir la extracción del agua.
Fig.15

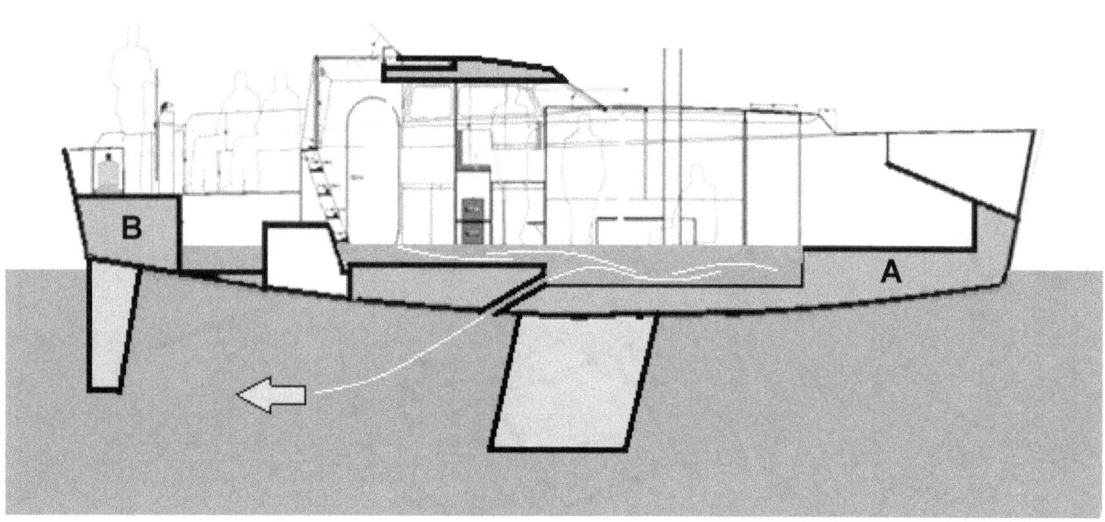

Fig.15.-Abertura del IRF, desagüe del agua interior.

4.- Evacuada el agua interior, el **IRF** se cierra, no quedando ninguna abertura, recuperando su estado de flotabilidad. Fig.16

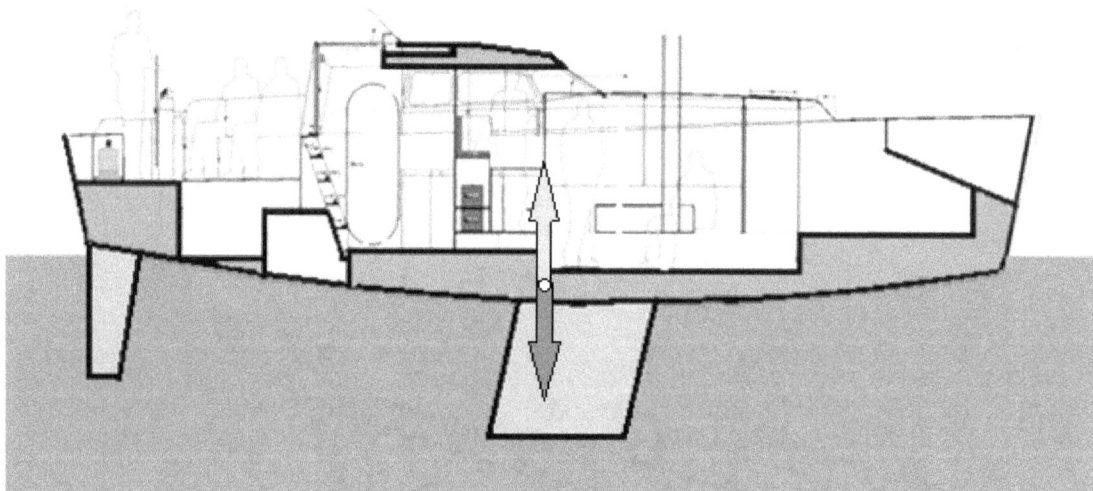

Fig.16.- Equilibrio de la embarcación, cierre del IRF.

3.-PLANOS EMBARCACIÓN

RECEPCIÓN DE PLANOS

Los planos para la construcción amateur de una embarcación tipo **IRF**, Insumergible con recuperación de la flotabilidad, son suministrados mediante acceso por correo electrónico, a los archivos en formato "**pdf**", formados por **4** carpetas:

CARPETA-1.- Contiene los planos a escala real **E: 1/1**, de las secciones transversales y detalles de los apéndices, palas, orza, etc., para la elaboración de plantillas de corte, que permitan de manera fácil y rápida hacer los trazados a escala exacta a recortar, de las secciones sobre los tableros de madera de formando plantillas y posterior corte de los tableros que formarán las piezas de la embarcación, secciones, piezas, etc.

CARPETA-2.- Contiene los planos a escala **E: 1/20** y **1/25**, planos de líneas de agua, formas, volúmenes, secciones transversales, longitudinales, horizontales, distribuciones, laminaciones, **IRF**, etc., para tener una documentación completa, en la tramitación de los permisos y descripción gráfica general de la construcción.

CARPETA-3.- Contiene planos a escala **E: 1/10**, de los detalles constructivos de la embarcación de las partes que requieran una visión más detallada.

CARPETA-4.- Contiene documentación, de las escoras, desplazamientos, **ISO, STIX, IRF** etc.
Fig.17

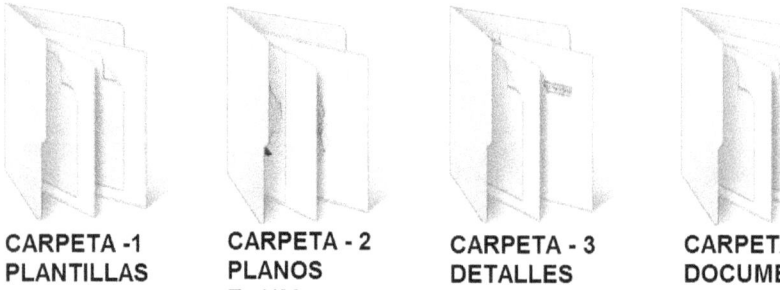

CARPETA -1
PLANTILLAS
E: 1/1

CARPETA - 2
PLANOS
E: 1/20

CARPETA - 3
DETALLES
E: 1/10

CARPETA - 4
DOCUMENTACIÓN

Fig.17.- Carpetas documentación Delfín 35M-IRF

Con la recepción de los archivos procederemos a la reproducción de fotocopias, con distintas escalas. Para la realización de las fotocopias de las carpetas **nº1, 2** y **3**, será suficiente para su obtención, utilizar un plotter **DIN-A1**, que permitirá realizar las plantillas a **E: 1/1**, en diferentes planos, para unirlas posteriormente y poder realizar los cortes de las piezas sobre los tableros de contrachapado.
Fig.18

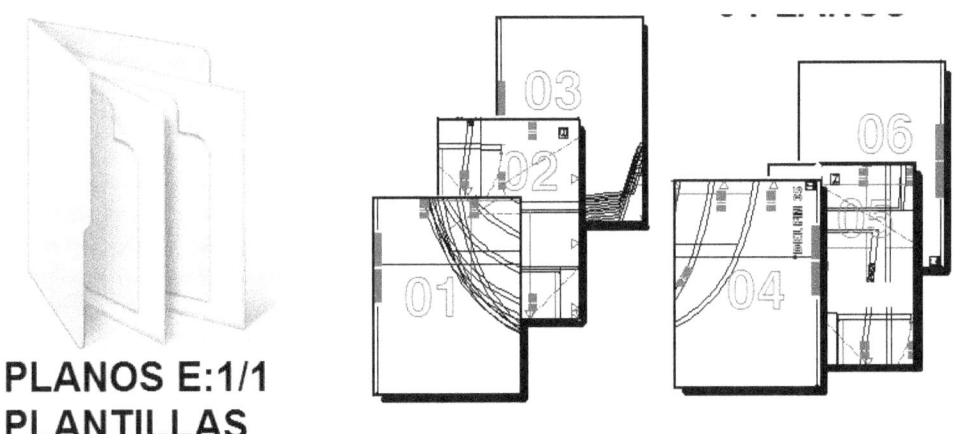

**PLANOS E:1/1
PLANTILLAS**

Fig.18.-Archivos, plantillas de corte E: 1/1

Reproducción de los planos de las plantillas, mediante plotter **DIN-A1**, de la casa: **hp HEWLETT PACKARD** – Design Jet **1050 C**, o similar.
Fig.19

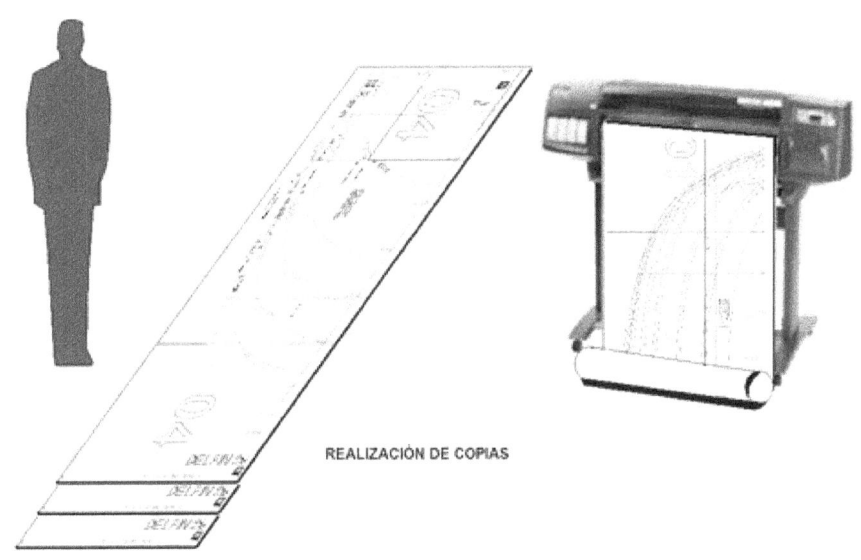

Fig.19.- Plotter impresión de planos.

Realización de las copias de las diferentes partes de las plantillas, dando a las copias la altura máxima del plano que permite el Plotter **DIN-A1** (su anchura), y la anchura del plano, necesaria según longitud de la plantilla (la longitud del rollo que se precise). Estas copias se tienen que realizar colocando un rollo de papel de copia en el Plotter.

Las copias de las plantillas tienen marcadas referencias horizontales y verticales, en forma de triángulos, para su unión de estos por las puntas con los demás planos, siguiendo la numeración de los mismos.
Fig.20

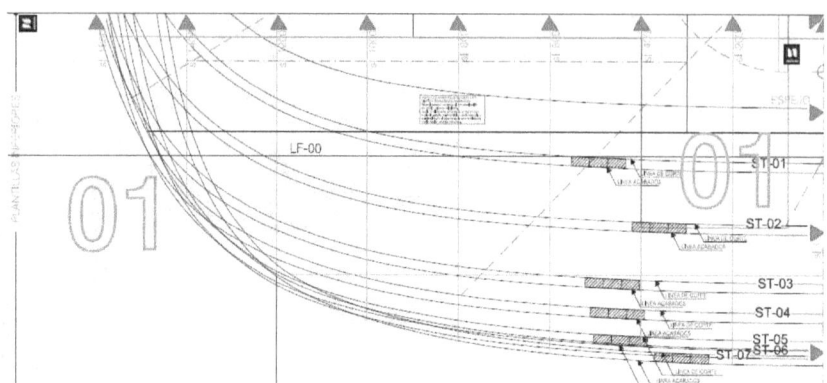

Fig.20.-Plano 01 de la plantilla.

En la representación de las plantillas de la embarcación "**Delfín 35**", las secciones transversales, correspondientes a los planos de la popa **A** y los de la proa **B**.

En las copias vienen indicadas las secciones **ST-01**, de corte sin incluir el grueso del casco, este se indica a nivel informativo en las secciones.

Una vez agrupadas los planos de las secciones y unidas, haciendo coincidir las referencias horizontales y verticales (Triángulos), obtendremos las secciones completas para proceder al encolado de estas sobre tableros de **3** o **4** mm, que iremos recortando cada sección y dibujando cada vez los contornos sobre los tableros que formaran parte de la embarcación
.Fig.21

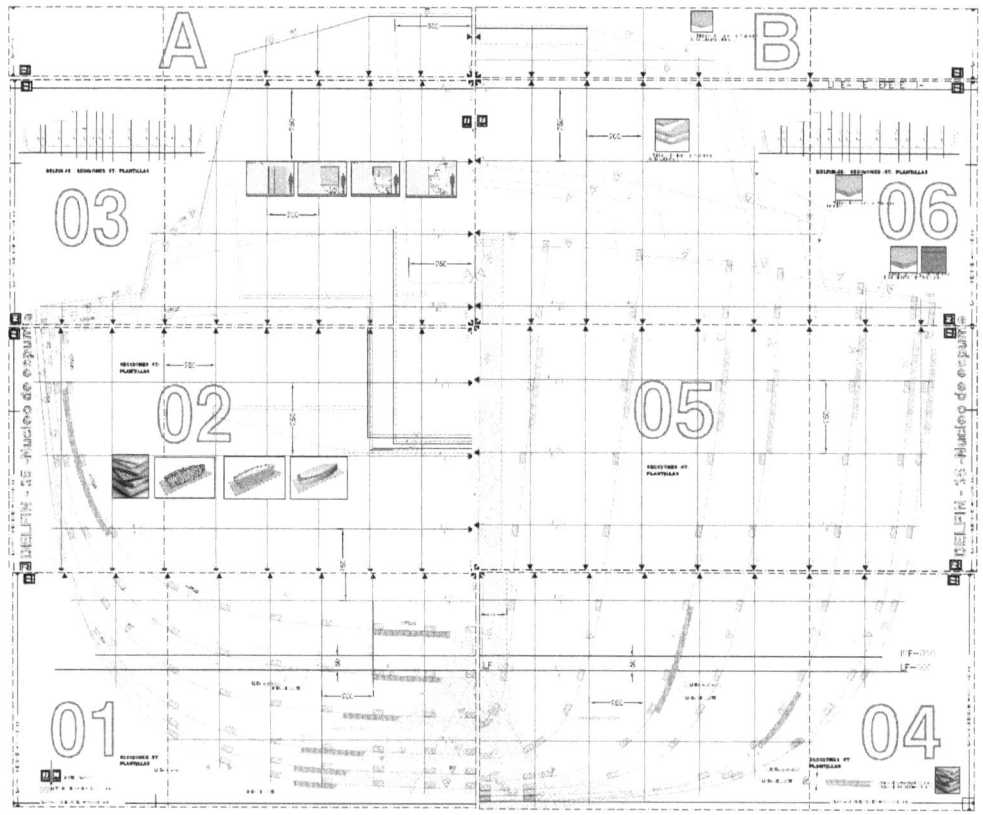

Fig.21.-Unión de los planos de las plantillas.

4.-ESPACIOS

ESPACIOS DE TRABAJO

Haremos una descripción de los trabajos comunes, a los diferentes métodos de construcción amateur de una embarcación:

El espacio mínimo aconsejable, para realizar los trabajos de forma amateur, sería: Longitudinalmente equivalente a la eslora más **1,5** m en la proa y **1,5** m. en la popa, como pasillo perimetral de trabajo y paso. La anchura igual a la manga más **1,5** m. por ambos lados.
Fig.22

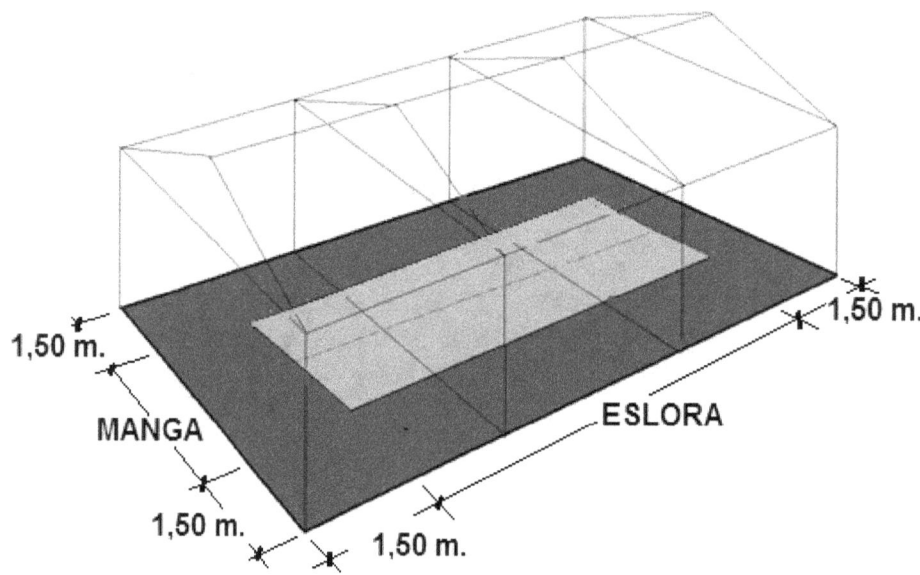

Fig.22.- Espacios mínimos recomendados.

El espacio de construcción preferiblemente será cubierto y en caso contrario, se deberá cubrir los trabajos, materiales y herramientas, con un plástico de protección si se hace al aire libre.
Fig.23

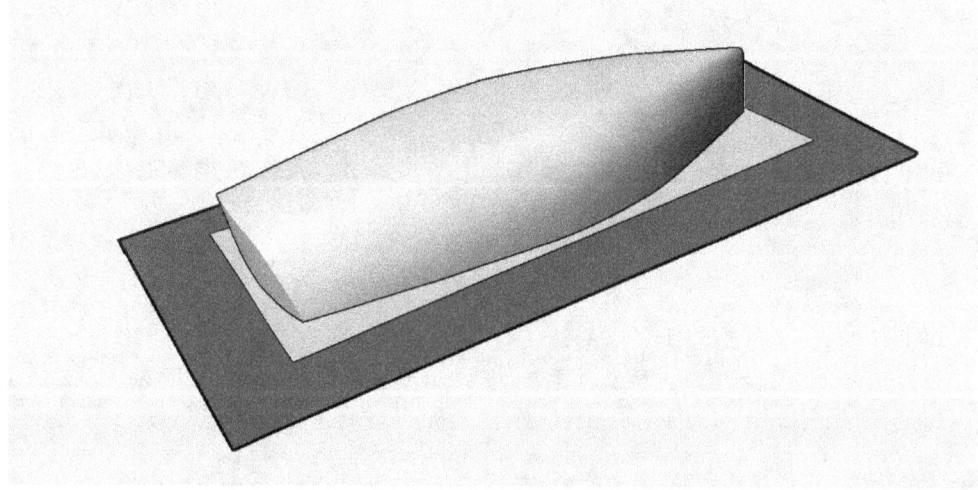

Fig.23.- Ocupación del espacio mínimo.

Resumiendo el área sería la eslora de longitud por la manga de la embarcación de anchura, más un perímetro mínimo de circulación y de trabajo de **1,50** m., de ancho a su alrededor.
Fig.24

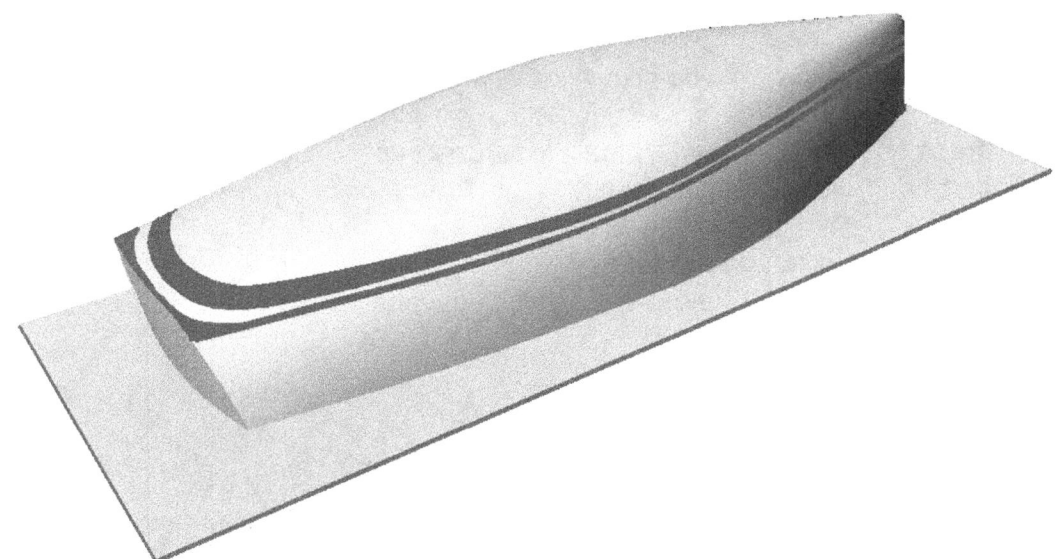

Fig.24.- Ocupación del espacio mínimo por la embarcación

4.2.-REPLANTEO

Nivelaremos la superficie del suelo, si esta sobre un terreno al aire libre, meteremos un encofrado perimetral alrededor de toda la superficie, mediante tablones de madera, colocaremos en su interior una malla cuadriculada metálica electro soldada de diámetro **D=6 mm**., formando cuadros electro soldados de **20 x 20** cm. Posteriormente echaremos hormigón y una vez este endurecido, volveremos a echar un mortero de nivelación, con el fin de obtener la superficie totalmente horizontal en ambos sentidos.
Fig.25

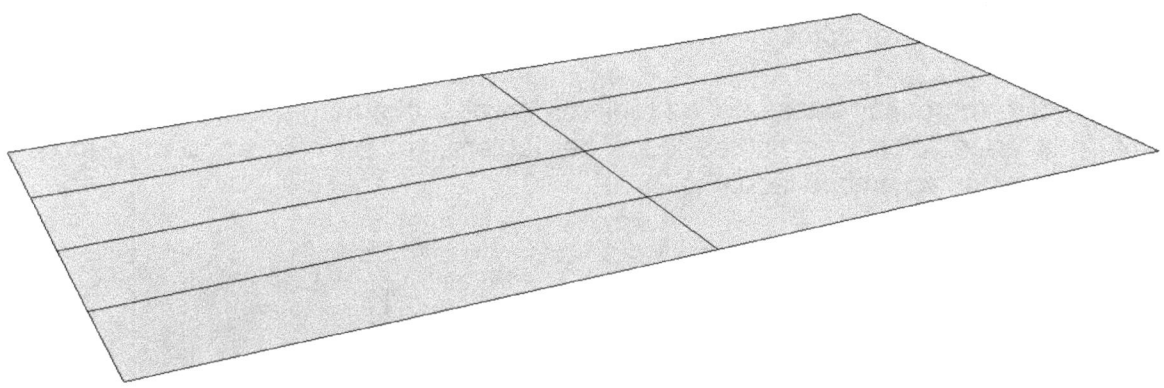

Fig. 25.-Trazado de líneas de replanteo.

Trazaremos las líneas longitudinales y transversales a escuadra, que nos servirán de guía para colocar los tableros de referencia, que sujetaran las secciones longitudinales y transversales, para la realización del casco.Fig.26

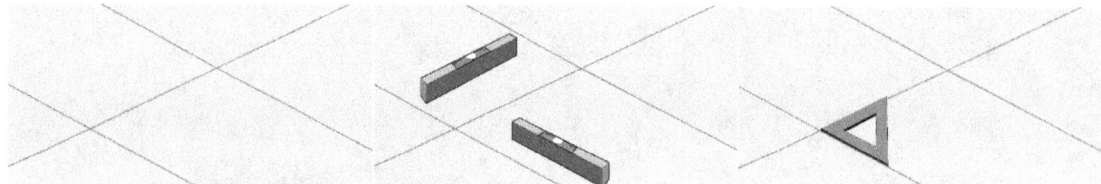

Fig.26.- Trazado de niveles y líneas perpendiculares

Estos trabajos sirven igual para los dos tipos de construcción que describiremos:

1.- Casco con sándwich de madera
2.- Casco con sándwich de espuma
Fig.27

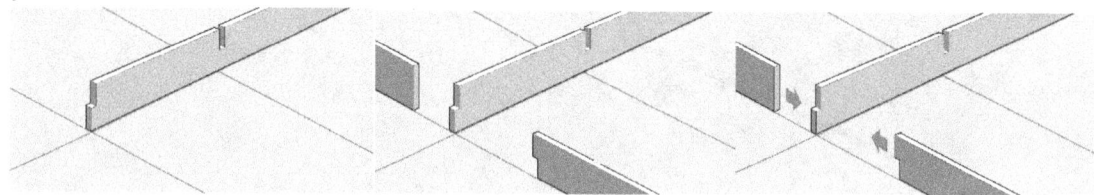

Fig.27.- Tablero longitudinal

Colocamos el tablero longitudinal central a todo lo largo de la eslora.Fig.28

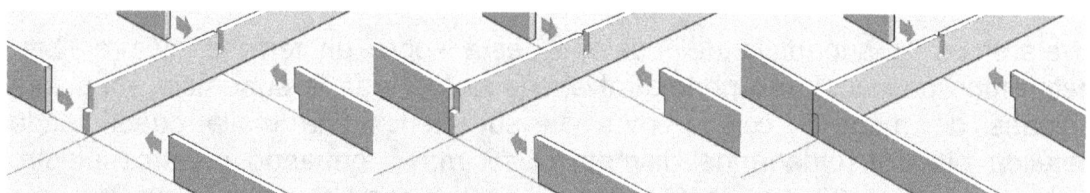

Fig.28.- Unión de los tableros laterales con el central.

Una vez colocado el tablero longitudinal, iremos colocando los tableros transversales, tal como queda reflejado gráficamente, uniéndolos con cola blanca, y clavándolos en las muescas indicadas en los dibujos.

Sujetaremos las bases de los tableros en el suelo, mediante puntas metálicas, clavadas al piso en ambos lados del tablero, o bien colocando un pegote de hormigón en ambos ladosFig.29

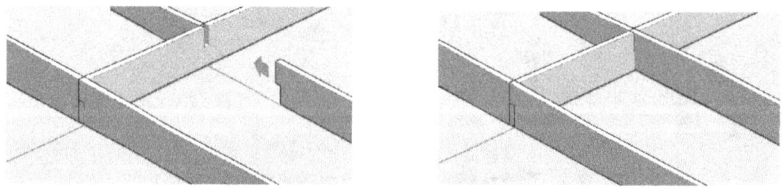

Fig.29.- Fijación de los tableros al piso.

TODOS LOS DERECHOS RESERVADOS

Colocaremos las secciones transversales **ST** con solo los contornos recortados o con la forma interior ya recortada.
Fig.30

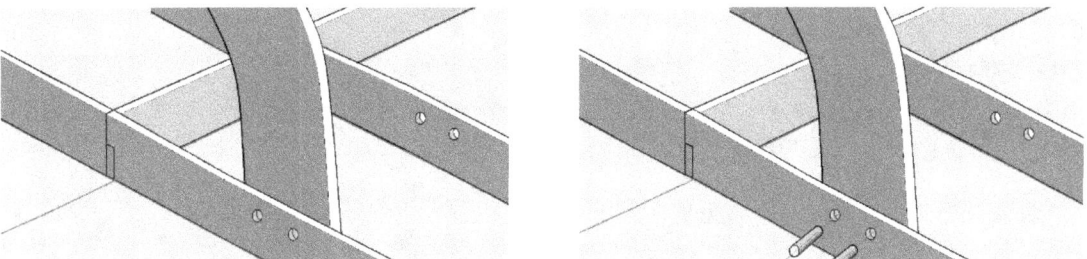

Fig.30.- Colocación de las secciones transversales (ST).

Es importante observar, que para evitar desviaciones en el trazado del tablero longitudinal central, haremos coincidir una cara del tablero con la línea longitudinal marcada en el piso, que actuará como eje central longitudinal, lo mismo con las piezas transversales.
Fig.31

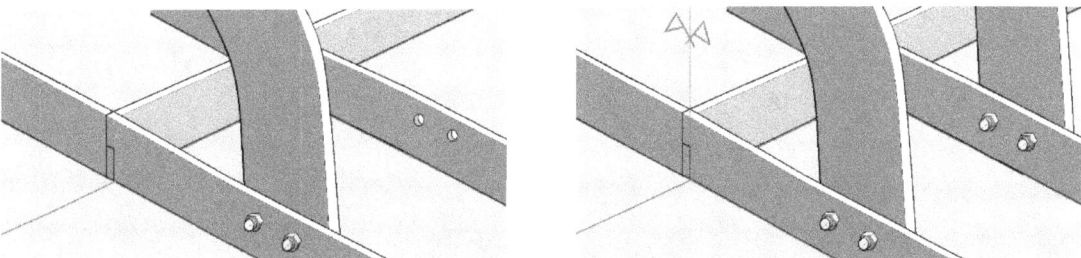

Fig.31.- Alineación del tablero central.

Tal como se ve reflejado en el dibujo, el eje de simetría quedara coincidiendo con una de las caras del tablero central longitudinal, ya que es la forma más exacta de seguir la línea que define el eje longitudinal.Fig.32

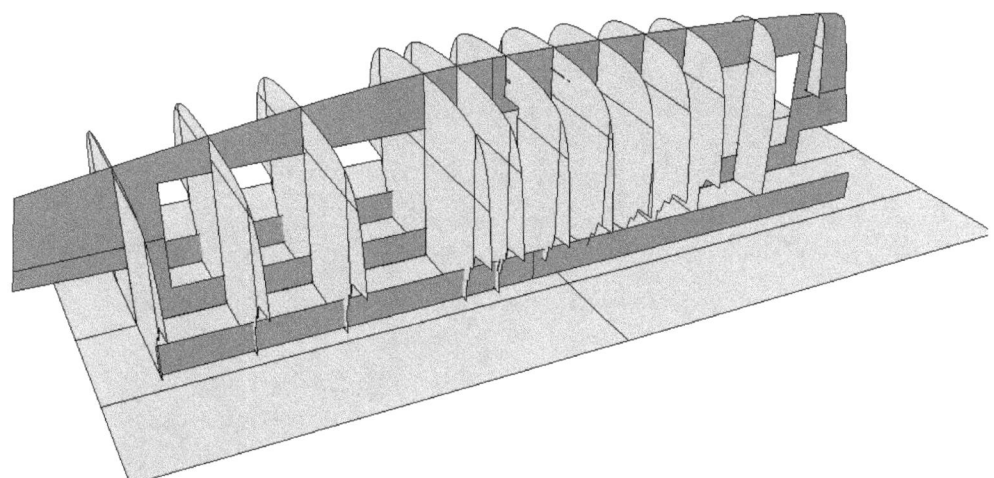

Fig.32.- Perspectiva de las secciones colocadas.

5.-PLANTILLAS

CONSTRUCCIÓN DEL CASCO

PLANTILLAS

Uniremos los planos de las plantillas a escala **E: 1/1**, sobre tableros de madera de grosor de **3** o **4** mm, mediante cola blanca o de contacto y pequeñas piezas que encastaremos en los dos tableros a unir, que nos permitan posteriormente moverlos con facilidad para realizar los recortes de las plantillas y trasladarlos para el corte de los tableros de la embarcación.

Colocaremos encolados los planos de las plantillas sobre los tableros. Fig.33

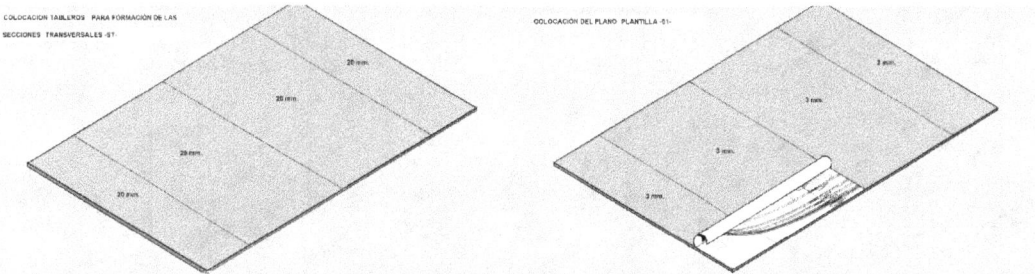

Fig.33.- Unión de los tableros para las plantillas.

Encolamos la primera unidad de los planos de las plantillas de popa **A**.Fig.34

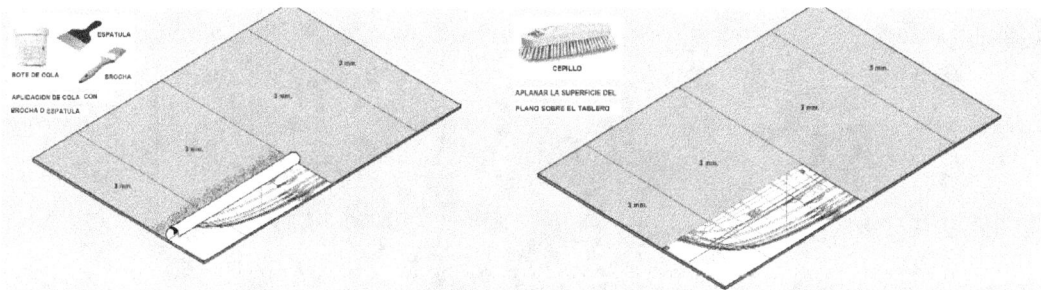

Fig.34.- Encolado de los planos de las plantillas.

Encolado y alisado con un cepillo, colocaremos el segundo plano, haciendo coincidir las referencias verticales y horizontales.Fig.35

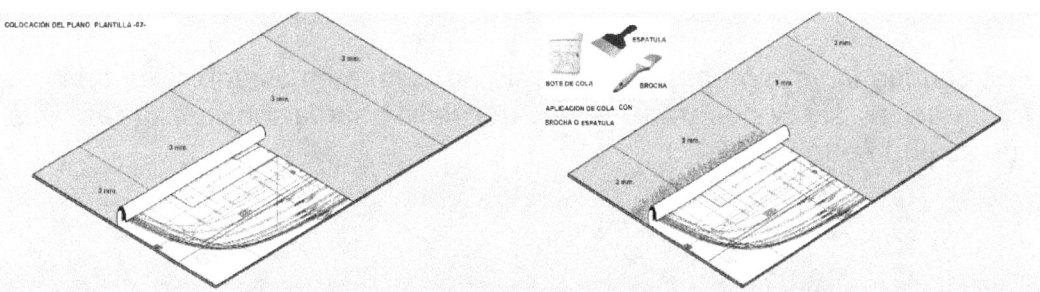

Fig.35.- Colocación haciendo coincidir las referencias.

Seguiremos colocando los distintos planos de las plantillas **A**.Fig.36

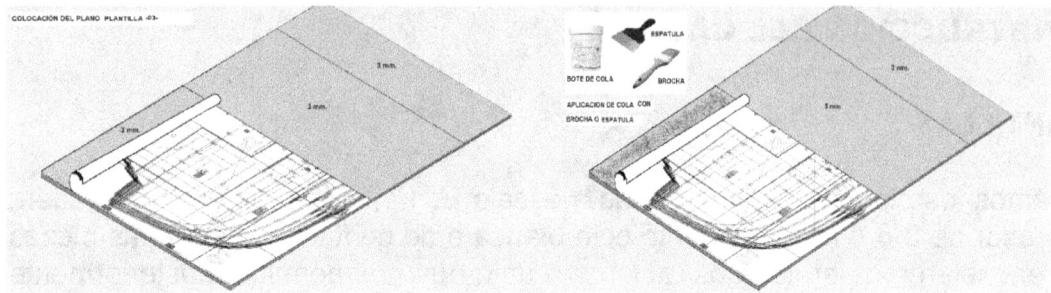

Fig.36.- Colocación total de los planos (A)

Una vez encolados los planos de las plantillas de popa **A**, haremos lo mismo con los planos de las plantillas de proa **B**.Fig.37

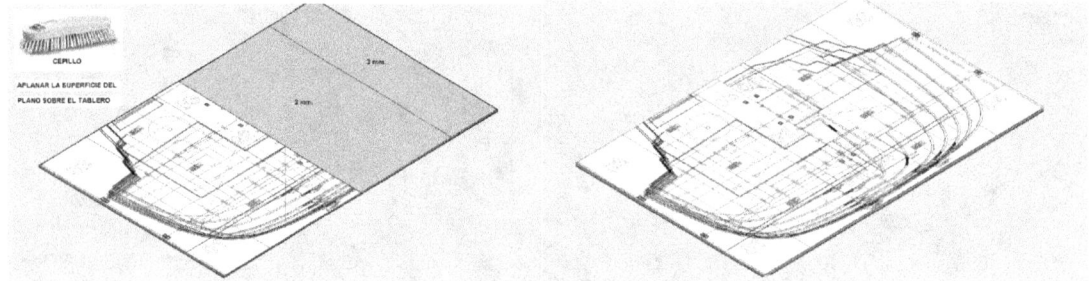

Fig.37.- Colocación total de los planos (B).

Recortaremos el perímetro exterior de la sección transversal más sobresaliente Fig.38

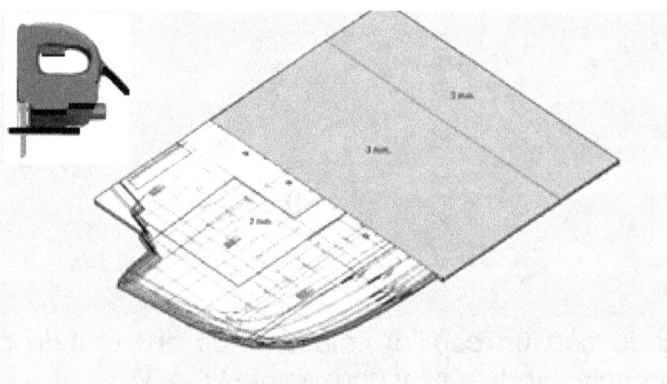

Fig.38.- Recorte de la plantilla (A)

Una vez cortada la sección perimetralmente, la colocaremos sobre los tableros que formaran las secciones transversales de la embarcación, para realizar el corte de su perímetro.Fig.39

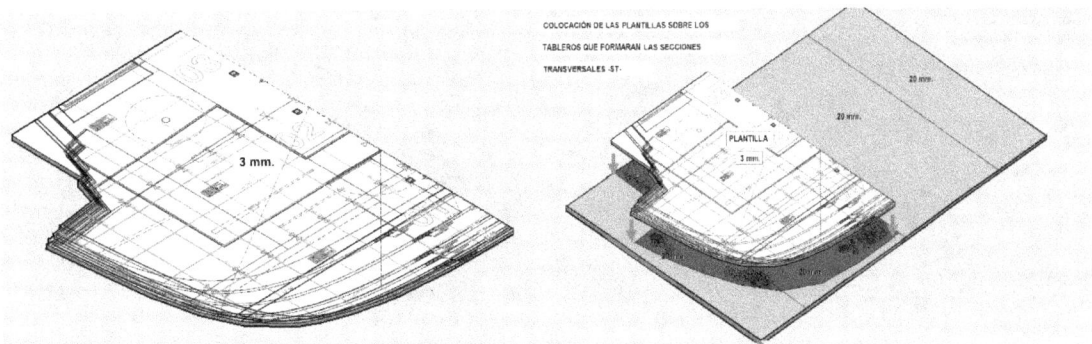

Fig.39.- Preparación de la plantilla para el corte de las secciones.

Colocación de la sección transversal de la plantilla de **3** o **4** mm, sobre los tableros que formaran parte de la embarcación.Fig.40

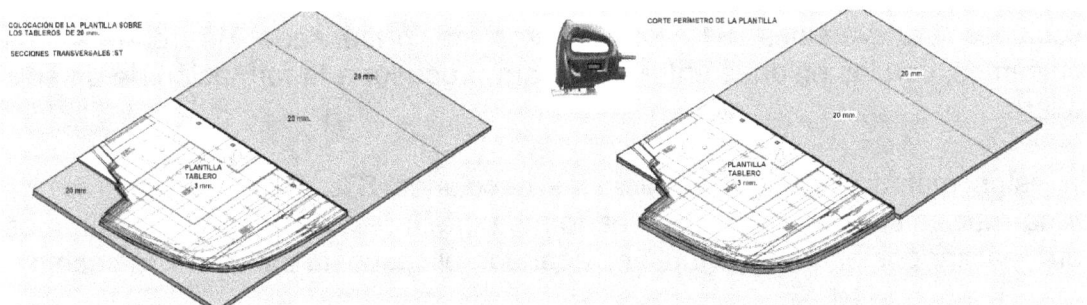

Fig.40.- Corte del tablero de una sección transversal, plantilla (A).

Corte de la sección transversal de la popa **A**.Fig.41

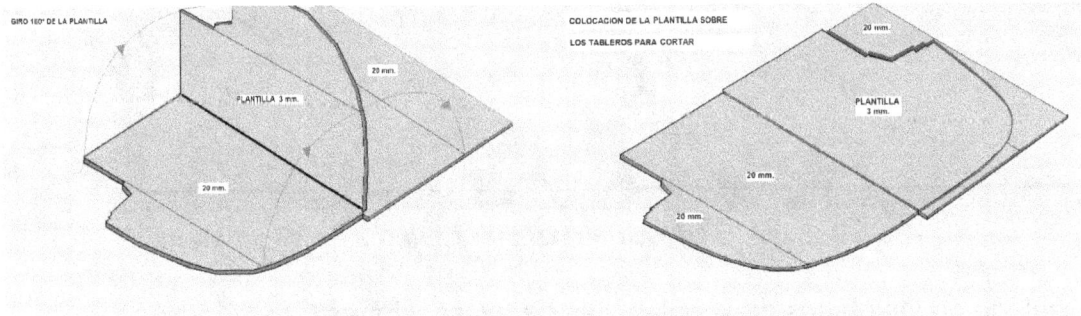

Fig.41.- Preparación del tablero de una sección transversal, plantilla (B).

Una vez cortado el tablero de babor, giramos la plantilla para colocarla a estribor y proceder a cortar la parte simétrica, para completar la sección transversal.
Fig.42

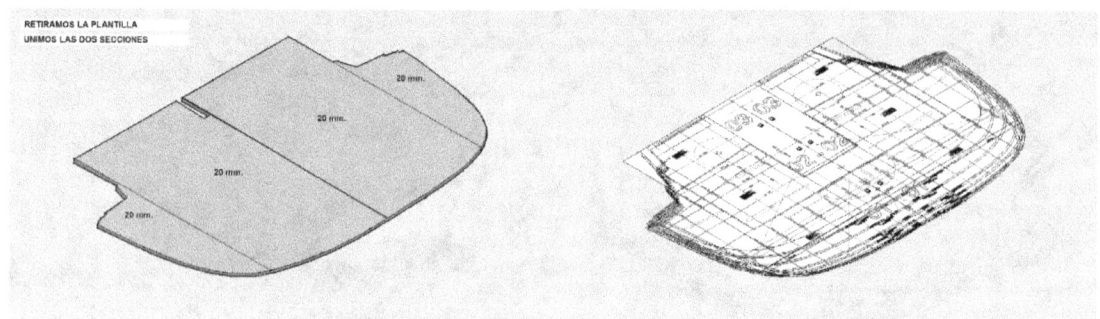

Fig.42.- Secciones de los tableros (A y B), de una sección.

Haremos las mismas operaciones, con las demás secciones de babor y estribor de popa **A** y las de proa **B**. Iremos recortando la plantilla por los distintos perímetros de las secciones transversales **ST**.

Veamos el procedimiento colocando verticalmente las plantillas de las distintas secciones transversales **ST**, los tableros de pretensado de madera, los colocamos, con las uniones entre ellos para proceder a la formación de un solo tablero.

En estos métodos, se representan las secciones **ST**, de los mamparos, de forma maciza sin los recortes de las formas interiores, trabajos que dejaremos para realizar posteriormente una vez acabado el casco, la cubierta y la cabina.

Unión de los tableros en la confección de las plantillas
.Fig.43

Fig.43.- Vista vertical de la unión de los tableros de las plantillas.

Encolado de los planos de las plantillas de las secciones transversales **ST**.Fig.44,45.

Fig.44.-Encolado de los planos de las plantillas.

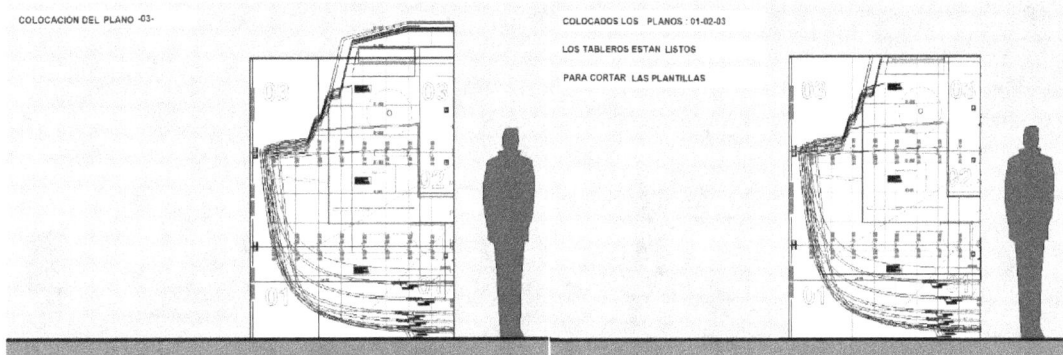

Fig.45.-Encolado de los planos de las plantillas.

COLOCACIÓN SECCIONES

Al encolar los planos de las plantillas sobre los tableros, tal como se ha explicado, estas distancias ya se mantienen, no obstante conviene verificarlo ya que una desviación perjudicaría la construcción correcta del casco

Situación de la sección longitudinal **SL**, en la que mantendremos a la misma distancia **d1=d2**, del suelo a la línea de flotación.Fig.46.

DISTANCIA=d1 y d2   d1 = d2

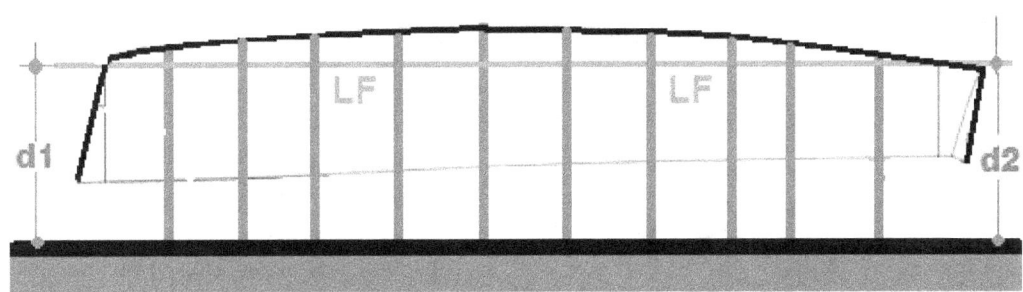

Fig.46.- Distancia paralela de la LF. Respecto al piso.

Visualización secuencial del proceso de corte de las secciones transversales de las plantillas.Fig.47

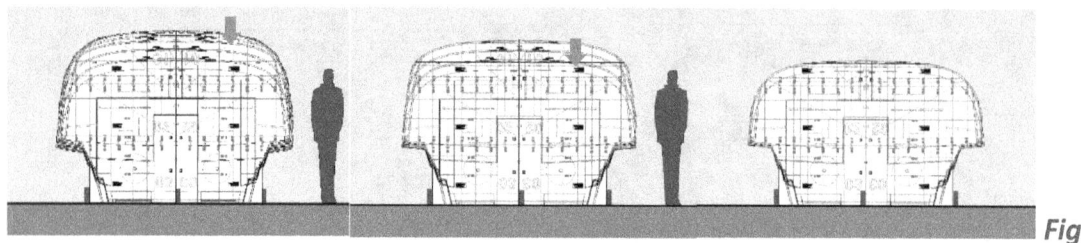

47.- Distintas secciones a cortar

Tableros de madera de Ocume – clase3, con resina fenólica y dimensiones **2400 x1200** mm., con ungrueso según indicación en los planos constructivos.
Fig.48

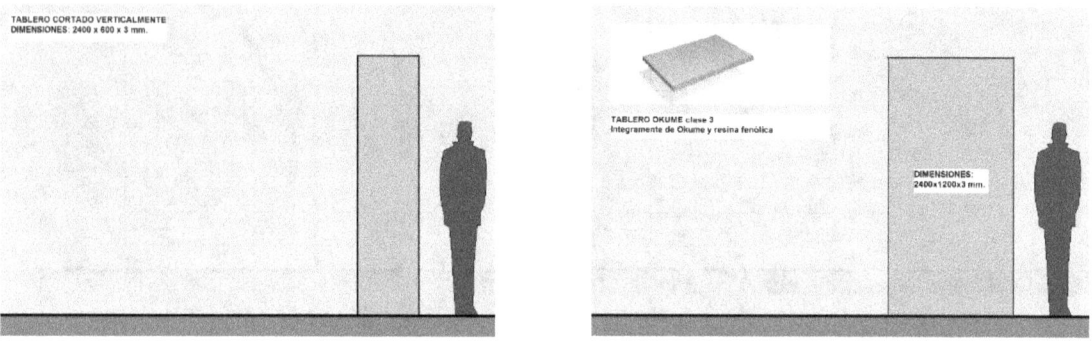

Fig.48.- Tableros de madera tipo Ocume.

Nivelado el piso procederemos a colocar el tablón longitudinal **SL**, tal como hemos indicado al principio
Fig.50

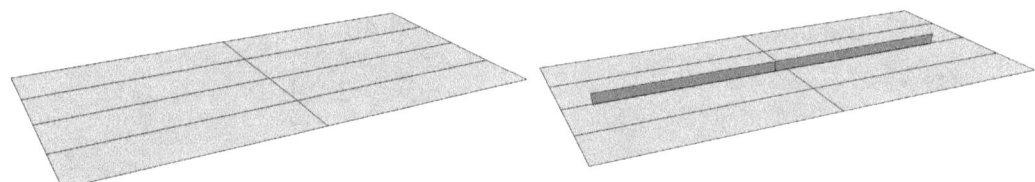

Fig.50.- Nivelación del piso, colocación del tablón longitudinal del eje central.

Paralelamente al tablón longitudinal central **SL**, colocaremos dos tablones más a babor y estribor.
Fig.51.

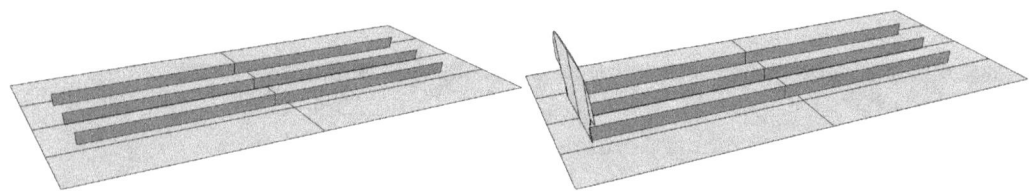

Fig.51.- Colocación de los tablones laterales.

Colocados los tres tablones iremos situando las secciones transversales **ST**, perpendiculares a los tablones. Fig. 52.

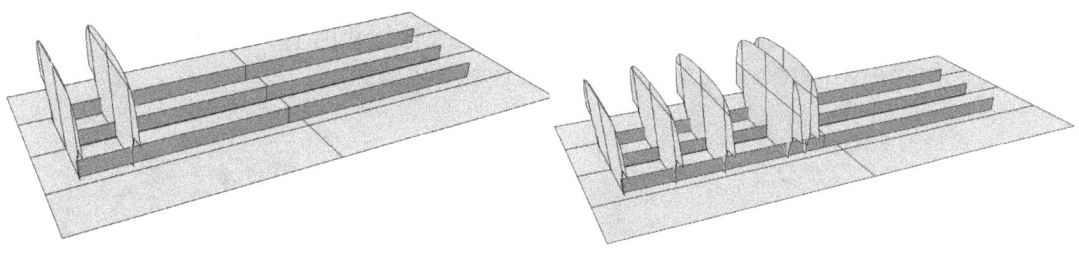

Fig.52.- Proceso de colocación de las secciones.

Etas secciones seguirán las distancias marcadas en los mismos, correspondientes a las cotas indicadas en los planos de formas **PF**.
Fig.53.

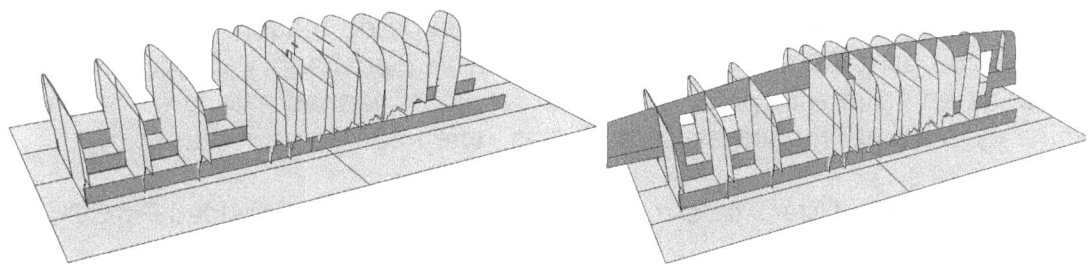

Fig.53.- Vista de las secciones transversales y soportes longitudinales.

A la vez que colocamos todas las secciones transversales **ST**, colocaremos las piezas correspondientes a la sección longitudinal central, que nos mantendrán las distancias entre las secciones transversales **ST**, indicara la forma total de la sección longitudinal central **SL** indicando las curvaturas del casco de la proa y la popa.

Todo lo indicado anteriormente corresponde al procedimiento común de construcción, del **Método 1**, construcción amateur en sándwich con núcleo de madera y al **Método 2**, que corresponde al núcleo de espuma.

Para indicar la situación de los apoyos de los los tableros, de las secciones transversales **ST**, para mantenerlos verticales sobre los tablones de soporte, conviene marcar en dichas secciones la Línea de Flotación **LF**, tal como queda reflejado en el dibujo.
Fig.49.

Sección transversal **ST-00**, cuya linea de flotación **LF** esta colocada donde se observa que es casi tangente al extremo de la curvatura superior, no obstante la tendremos que dibujar, con el fin de tener una referencia de la situación de la altura de esta respecto el suelo **d1,d2**, indicado anteriormente en la Fig.46.

Siguiendo los planos encolados sobre los tableros de las plantillas, recortamos los tableros correspondientes a la sección **ST-01**, junto a las demas seciones, cortando solo la zona del casco y interscción con la cubierta, dejando pendiente el corte de los perímetros de la cabina, bañera. Fig.49

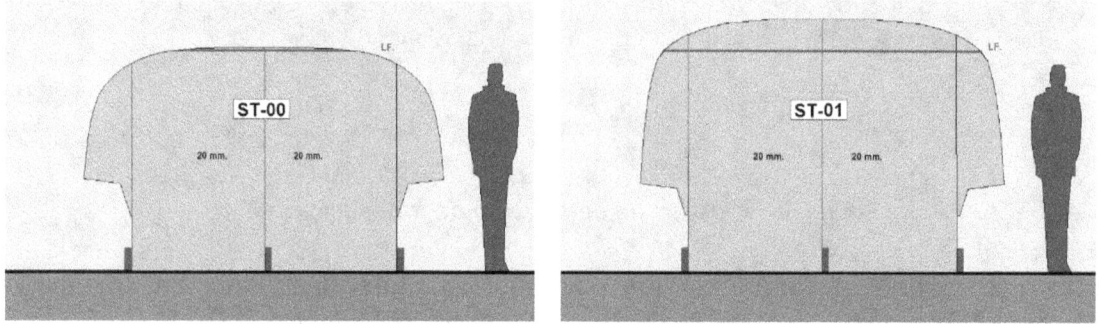

Fig.49.- Secciones transversales ST-00 y S-T01

Siguiendo los mismos procedimientos indicados anteriormente procedemos a recortar las secciones **T-02** y **T-03**, en los tableros de madera pretensada de Ocume, que utilizaremos posteriormente una vez acabado y girado el casco colocadas en su interior para acabar de definir las formas exteriores de de la cabina y demas perímetros de las cubiertas, interiores de la embarcación.

Es recomendable utilizar madera de Ocume, por su menor densidad. Fig.50

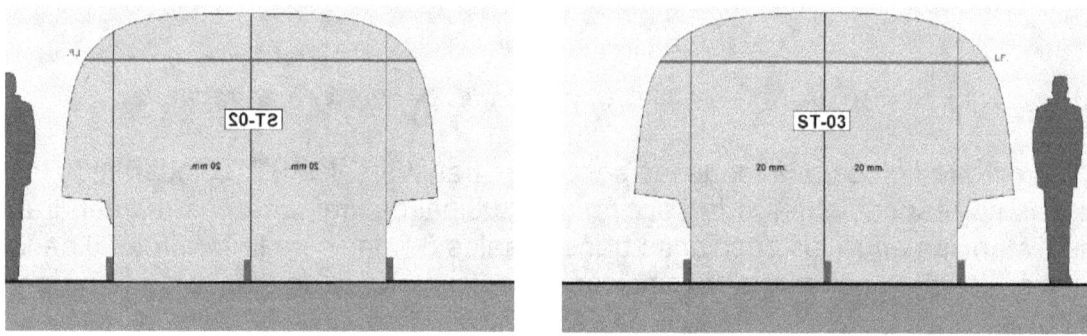

Fig.50.- Secciones ST-02 y ST-03

6.-MATERIALES

MADERAS

TABLEROS

Las maderas que utilizaremos son de Ocume, tanto en los listones para hacer el casco como en los tableros de contrachapado fenólico de Ocume, que utilizaremos para todo tipo de secciones, transversales **ST**, longitudinales **SL** y horizontales **SH**.

Los tableros estándar más utilizados son los que tienen la dimensión de **244 x 122** cm, y **250 x 122** cm.

En la tabla quedan indicadas las medidas y gruesos de los tableros, existiendo también tableros con gruesos de **3** mm, dependiendo de la casa suministradora. Tabla 2

TABLA 2

TABLEROS DE OKUME
CONSTRUCCIÓN NÁUTICA

DIMENSIONES			
250 x 122 cm			
310 x 153 cm			
ESPESORES EN mm.			
4	10	19	35
5	12	22	40
6	15	25	
9	18	30	

Tableros fenólicos de madera de Ocume, contrachapados y listones de Ocume. Fig.54.

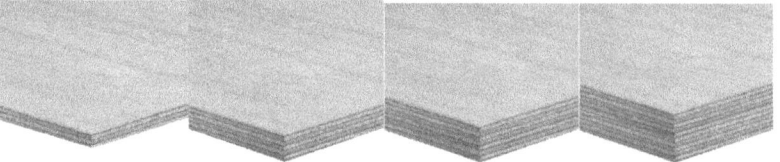

Fig.54.-Tableros

Listones de madera maciza de Ocume para el casco. Fig.55.

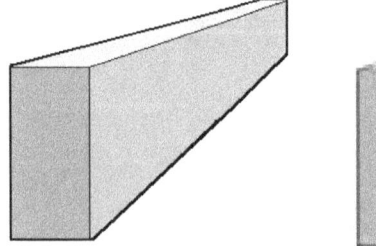 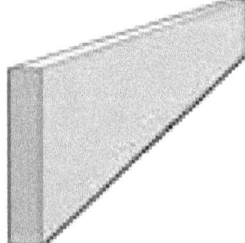 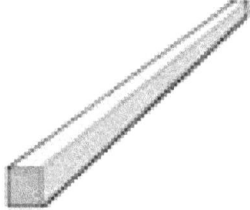

Fig.55.- Listones

Densidades de las maderas más comunes, siendo la más utilizada en medios marinos es la de **OCUME**, al considerar en la construcción de embarcaciones, su baja densidad equivalente a **0,45** t/m3. Tabla 3.

TABLA 3

MADERAS	
TIPOS	DENSIDAD MEDIA t/m3
IROKO	0,70
TECK	0,70
SAPELLI	0,65
PINO SILVESTRE	0,60
PINO DE OREGON	0,55
OKOUME	0,45
NOGAL AMERICANO	0,80
CEDRO ROJO	0,35

Para la formación de secciones curvadas se utilizan varias capas de tablero de madera contrachapada de pequeño grosor entre **3** y **4** mm, que facilitan el poderlas adaptar colocándolas y encolándolas unas encima de la otra para formar la sección deseada, normalmente se utilizan de esta manera para realizar las curvatura de las cubiertas y cabinas.

Se procede primero colocando un tablero, humedeciéndolo para facilitar la curvatura por una sola cara, se pueden hacer cortes superficiales y paralelos, para mejorar el curvado, sujetándolos con alambres o elementos de plástico, utilizados para la sujeción de los conductos y cables eléctricos.Fig.56.

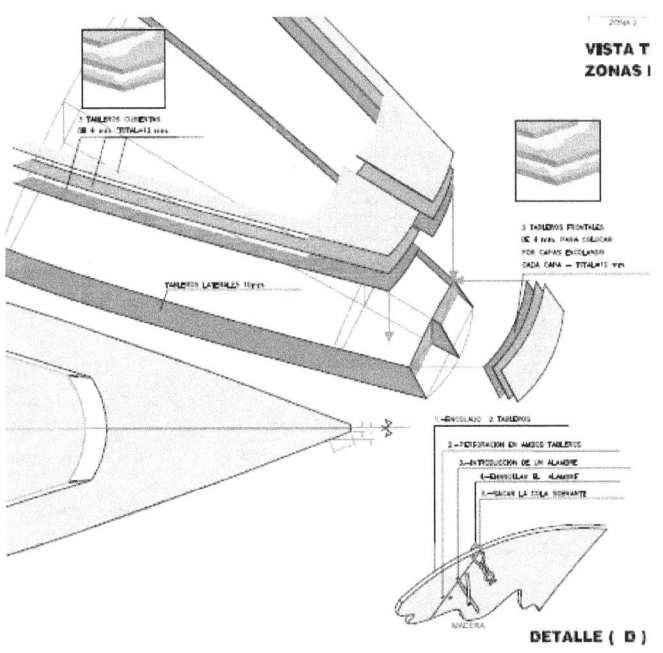

Fig.56.- Proceso de sujeción de los tableros de cubierta.

Para la realización refuerzos de la parte inferior del casco, aprovecharemos las partes sobrantes de los tableros utilizados para realizar las secciones y los apegaremos formando elementos gruesos, que recortados perimetralmente den la forma del refuerzo.

Para poder laminar bien, redondearemos los cantos y rellenaremos los ángulos dándoles una forma curvada mediante la aplicación de resinas con cargas, para poder colocar la fibra de vidrio y quede ajustada sin problemas.

Estos servirán de núcleo y molde para laminar por su parte exterior las capas de fibras con resinas que le darán la resistencia. Fig.57.

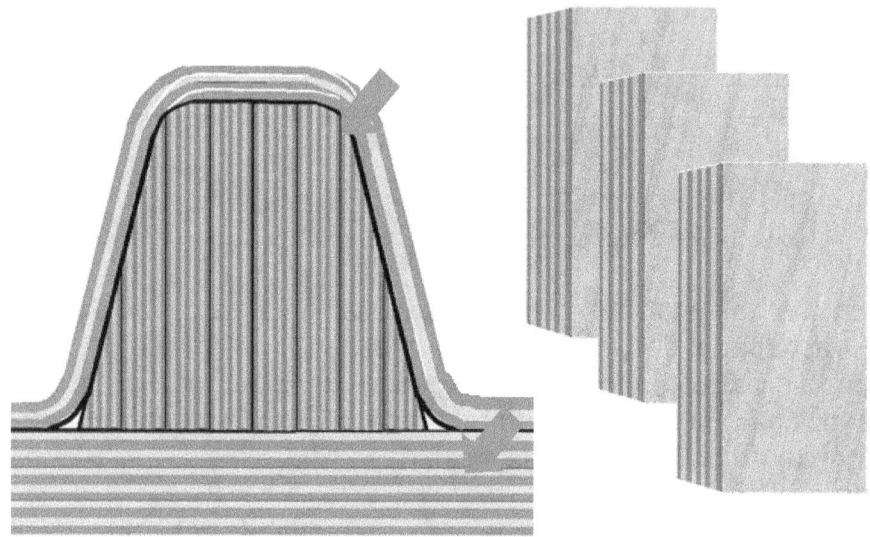

Fig.57.-Refuerzos casco.

TEKA

Para la realización del acabado de cubierta i en la ducha de los baños, podemos utilizar madera de **TEKA**, en su defecto, podemos utilizar en la cubierta un anti derrapes, realizado con arena muy fina colocada sobre la cubierta previa impregnación de esta con resinas y ejecutando una limpieza posterior, una vez quede adherida la capa superficial de estas con la cubierta se pintara con varias capas de gelcoat.

Existen en el mercado elementos, imitando a la teca, a base de goma que se aplica directamente apegándolos sobre la cubierta. Fig.58.

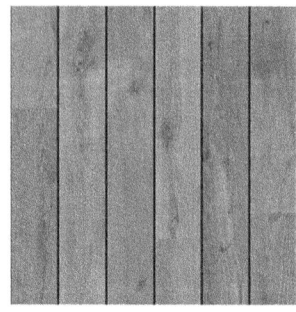 TEKA- CUBIERTA 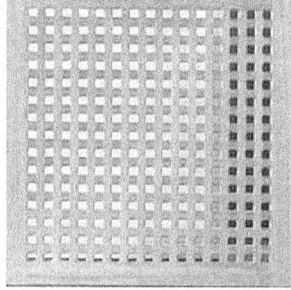 TEKA-DUCHA

Fig.58.-Teka

-ESPUMAS

En el segundo Método de construcción, la embarcación la construiremos con el núcleo de espuma para formar un sándwich junto con el estratificado en el casco.

De la misma manera crearemos los refuerzos con espuma.Fig.59.

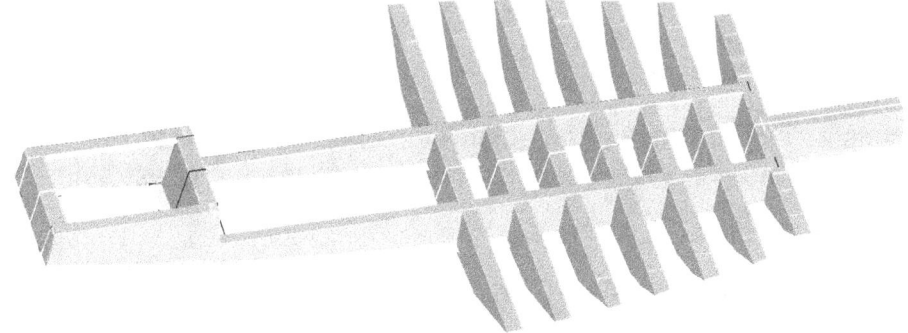

Fig.59.- Refuerzos casco con interior de madera.

Sobre la base de espuma de los refuerzos del casco, aplicaremos las capas de estratificado.Fig.60.

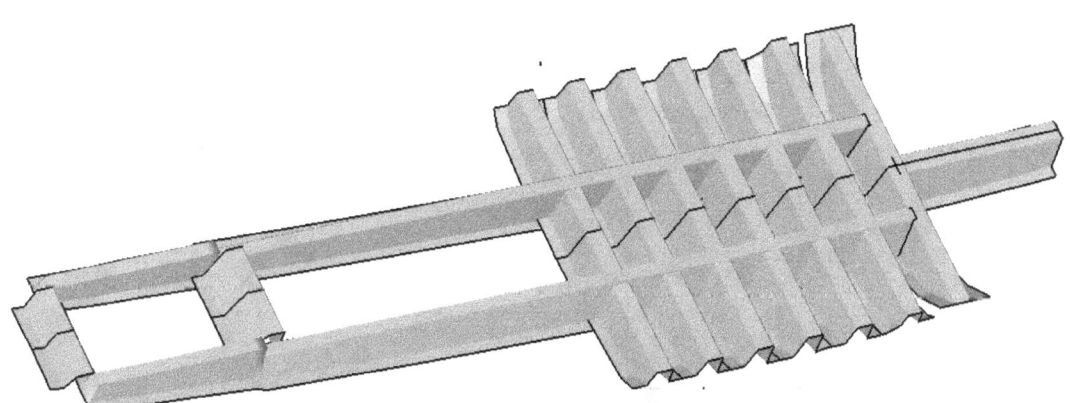

Fig.60.- Laminado de los refuerzos de madera.

Laminado de las capas de fibra y resina sobre la base de espuma de los refuerzos.

Para la realización del **Método 2**, existen varios tipos de espumas en el mercado, del tipo lisas y cortadas a cuadros. Las que son de una sola pieza, las podemos utilizar para superficies que no tengan curvas, como refuerzos y las que están cortadas a cuadros las utilizaremos para construir el sándwich de las superficies curvas, como el casco de la embarcación. Tabla 4

TABLA 4

ESPUMAS	
MARCAS	DENSIDAD kg/m3
BALSA	128
NOMEX 3/16 -nido de abeja fenolica	64
AIREX R 62.80 – espuma de PVC blanda	80
PLASTICELL D75 – espuma de PVC rígida	80
KLEGECELL R – espuma de PVC rígida	40 y 400
INOTAN 120 – espuma de poliuretano	120
FI RET .- fibras de polyester microscópicas	64
DIVINYCELL H – espuma de PVC rígida	45 y 250

FIBRA DE VIDRIO

Para la construcción de la embarcación siguiendo ambos **Métodos**, el **1** y **2**, utilizaremos las fibras de vidrio, con resinas para conseguir el estratificado de la embarcación.

Formaremos capas que estarán compuestas cada capa por **1 Mat 450 + 1 Tejido** o **1 Roving** Tabla 5, 6,7

TABLA 5

FIBRA DE VIDRIO, TEJIDOS, RESINAS Y LAMINADOS						
MATERIAL	Nº DE CAPAS	PESO DEL VIDRIO g/m2	PESO DE LA RESINA g/m2	FIBRA DE VIDRIO %	PESO DEL LAMINADO g/m2	GROSOR DE LA FIBRA DE VIDRIO m.m. aprox.
MAT 300 gr.	1	300	750	30	1.050	0,8
	2	600	1.200	30	1.800	1,6
	3	900	1.800	30	2.700	2,4
MAT 450 gr.	1	450	1.050	30	1.500	1,2
	2	900	1.800	30	2.700	2,4
	3	1.350	2.850	30	4.200	3,6
MAT 600 gr.	1	600	1.200	30	1.800	1,6
	2	1.200	2.400	30	3.600	3,2
	3	1.800	3.200	30	5.000	4,8
TEJIDO- 0,4 mm. grueso	1	300	600	30	900	0,9
	2	600	900	30	1.500	1,3
	4	1.200	1.650	40	2.850	2,2
TEJIDO-0,22 mm. grueso	1	240	180	60	420	0,4
	2	480	360	60	840	0,8
	4	960	720	60	1.680	1,6
TEJIDO-0,25 mm. grueso	1	240	360	40	600	0,5
	2	480	720	40	1.200	0,9
	4	960	1.080	45	2.040	1,4
TEJIDO en superficie	1	22,5	300	----	----	---

TABLA 6

FIBRA DE VIDRIO	
LAMINAS DE VIDRIO	DENSIDAD t/ m3
POLIESTER/ mechas de vidrio (roving)	1,80 /1,90
POLIESTER/ tejido	1,65 / 1,70
POLIESTER/ Mat. de vidrio	1,55 / 1,60

FIBRAS

TABLA 7

DENOMINACIÓN	LAMINAS DE VIDRIO	APLICACIÓN
MAT		Colocación base para recibir el Tejido o el Roving, para formar una capa de estratificado.
TEJIDO ROVING		Colocación como elemento más resistente, formando una capa con el Mat.
MECHAS DE VIDRIO		Mechas de fibra de vidrio sueltas, para la aplicación en zonas, que no permitan la aplicación del Mat y el Tejido.

DESMOLDEANTES Y ACCESORIOS

Utilizaremos desmoldeantes de varias formas, sólidos, como las cintas de embalar, celofán, pastosos tales como la aplicación de ceras y líquidos como el alcohol poli vinílico. TABLA 8

TABLA 8

DENOMINACIÓN	MATERIAL	APLICACIÓN
CINTA DE EMBALAR		Cintas denominadas comúnmente "cintas de embalar", nos pueden servir para proteger las partes que posteriormente, queramos desmoldar.
CELOFAN		Para la utilización de protección de las partes que se quieran desencofrar. Su utilización en grandes superficies
CERAS		Ceras para desmoldeo del tipo "Mirror Glaze" o similar.
ALCOHOL POLIVINÍLICO		Creación de una fina capa para desmoldeo.
ACETONA		Disolvente para limpieza de las herramientas, rodillos, brochas, etc. Advertencia: No utilizar para limpiarse las manos. Las manos limpiarlas con jabón.

TODOS LOS DERECHOS RESERVADOS

RESINAS

LAMINACIÓN - POLIESTER

La elaboración de los estratificados conocidos por las siglas **P.R.F.V.**, consistente en la unión de una resina con fibra de vidrio, mediante la laminación con brochas, rodillos, etc., consiguiendo un producto resistente y ligero.

El endurecimiento del mismo denominado polimerización se alcanza en un tiempo de **24** horas, con la temperatura ambiente adecuada, obteniendo las propiedades mecánicas optimas al cabo de **30** dias. Tabla 9

TABLA 9

PRODUCTO	DESCRIPCIÓN	FUNCIÓN
1.- Resina	Ressina de Poliester	*Aglomerante*
2.- Estireno	Monómero de estireno	*Diluyente para la resina poliester*
3.- Peroxido MEK	Peróxido de Metil Etil Catona	*Catalizador*
4.- Cobalto	Sal de cobalto	*Acelerador*

Para realizar la mezcla de los componentes, lo haremos siguiendo este orden :

MEZCLADOR

A.- 1.-Resina +4.-Acelerante. Estos productos tienen que estar bién mezclados, se recomienda, en el caso de que no vengan las resinas con el Acelerador de fábrica, realizarlo en un cubo mediante un mezclador metálico colocado en un taladro eléctrico, para conseguir una mezcla lo más uniforme posible. Fig.61

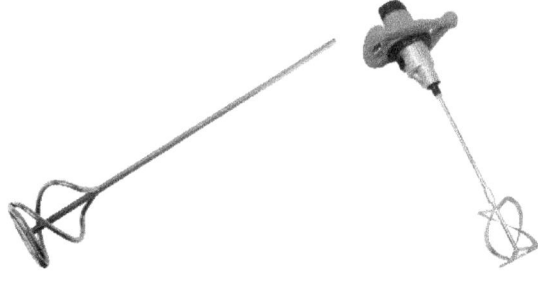

Fig.61.- Mezcladores

B.- Una vez este bien mezclado la **1.-Resina** y el **4.-Acelerante**, es cuando podemos aplicar el **3.-Catalizador**.

C.- El **2.-Estireno** lo emplearemos para diluir la mezcla **B**, si consideramos que esta queda muy espesa, colocando una pequeña cantidad conseguiremos hacerla mas fluida.

D.- No mezclar el **4.- Acenerante** con el **3.- Catalizador**, la mezcla pude ser explosiva.

Relación de los porcentajes del Catalizador y el Acelerante respecto a la temperatura ambiente a considerar, sobre las **RESINAS NO ACELERADAS**

RESINAS NO ACELERADAS

Relación de las cantidades necesarias de Acelerante y Catalizador.
Según la temperatura.Tabla 10.

TABLA 10

	Proporción %	Proporción %	Proporción %
Temperaturas	10C°	20C°	30C°
Acelerante	1%	0,08%	0,05%
Catalizador	3%	2%	1%

Advertencia:

No mezclar directamente el Acelerante y el Catalizador. **Mezcla explosiva**.

Realizar la mezcla de la Resina con el Acelerante y posteriormente, una vez este bién mezclado, se puede añadir el catalizador en las pequeñas cantidades que se vayan a utilizar en los trabajos.

Las resinas, para facilitar su aplicación, deben ser suministradas aceleradas por el fabricante, los motivos más importantes serían, primero la mezcla del Acelerante con la resina hecha por el fabricante nos garantiza una buena mezcla entre ambos.

En segundo lugar para evitar equivocaciones de la mezcla del Acelerante con el Catalizador.Tabla 11

MATERIAL LAMINACIÓN POLIESTER

TABLA 11

DENOMINACIÓN	MATERIAL	APLICACIÓN
GEL-COAT CATALIZADOR		Acabado final de las piezas.
RESINAS CATALIZADOR		Aglomerante de unión de las fibras de vidrio
ESTIRENO		Diluyente para la resina de poliester. Si consideramos que la resina queda muy espesa, colocando una pequeña cantidad la haremos mas fluida.
ACETONA		Disolvente para la limpieza de los utensilios y herramientas utilizados en el laminado. No utilizarlo para limpiarse las manos.

Las resinas de poliester insaturado son liquidos viscosos de color casi transparente, las cuales se conservan almacenadas varios meses en lugares frescos, con ayuda de estabilizadores.

El curado y el endurecimiento de las resinas de poliéster tiene lugar mediante la polimerización vinílica.

Durante el proceso se desarrolla una gran cantidad de calor y no hay desprendimiento de producto alguno. Este es el motivo por el cual se recomienda utilizar cubetas con poca profundidad cuando se aplica el catalizador, para evitar que un recipiente con mayor profundidad provoque un gran desprendimiento de calor, que pueda ocasionar un incendio.

7.-HERRAMIENTAS

HERRAMIENTAS TRABAJOS CARPINTERIA

Herramientas de carpintería más utilizadas para la construcción amateur de una embarcación. Tabla 12

TABLA 12

DENOMINACIÓN	HERRAMIENTAS	APLICACIÓN
BROCHA		Cepillo, limpieza de superficies.
CLAVOS SIN CABEZA Y MARTILLO		Martillo para clavar clavos sin cabeza. Unión listones de formación de cubierta.
COLA UNIÓN LISTONES		Colas de unión lis tones formación casco y cubiertas. *Cola blanca *Cola de contacto *Cola marina *Silicona
ELEMENTOS DE SUJECIÓN		Mordazas, para la fijación de los elementos de madera durante la construcción.
CEPILLO DE CARPINTERO		Cepillado de las superficies de madera.
TORNILLOS DE INOX.		Tornillos náuticos de Inoxidable. Sujeción de los elementos de la embarcación.
LIJAS		Lijado para el acabado y repaso de zonas.
CALADORA		Corte manual con sierra para madera, poliéster y metal, tipo Bosch o similar.

| TALADRADORA | | Taladros, aplicación como destornillador, etc. Tipo Bosch o similar. |

Herramientas, más utilizadas para la laminación y construcción amateur de una embarcación. Tabla 13,14.

HERRAMIENTAS TRABAJOS POLIESTER

TABLA 13

DENOMINACIÓN	HERRAMIENTAS	APLICACIÓN
BROCHA		Impregnación de resinas en zonas puntuales que no se pueda acceder con el rodillo, ángulos, huecos, refuerzos, salientes, etc.
BROCHA CORTA		Extracción de las burbujas de aire en las zonas indicadas anteriormente, punzando verticalmente con la brocha en dichos lugares.
RODILLO DE LANA		Rodillos de lana para la aplicación de las resinas sobre superficies lisas.
RODILLO METÁLICO		Rodillos para presionar las zonas anteriores con el fin de extraer las burbujas de aire y prensar la fibra.
RECIPIENTE		Recipiente para la preparación de la resina ya acelerada, con el catalizador
PROBETA GRADUADA		Probeta graduada para introducir el porcentaje exacto del catalizador de la mezcla.
ESPÁTULA		Para usos puntuales, como extender una acumulación de resinas en una zona.
CÚTER		Corte del estratificado sobrante, antes de que esté totalmente endurecido.
TIJERAS		Corte de las fibras y telas, mats y tejidos.

CINTAS PINTOR		Indicación de superficies a recortar o a pintar, apegándolas y dibujando sobre las mismas la zona de la plantilla, ejem: Escotillas, ventilaciones, LF. etc.

HERRAMIENTAS TRABAJOS GELCOAT

TABLA 14

DENOMINACIÓN	HERRAMIENTAS	APLICACIÓN
PISTOLA APLICACIÓN DEL GEL-COAT		Proceso de pintado con proyector de gelcoat, tipo pistola.
MEZCLADOR		Mezclador del gel coat
RECIPIENTE GEL COAT CATALIZADOR		Recipiente para la preparación del gelcoat ya acelerado, con el catalizador
PROBETA GRADUADA		Probeta graduada para introducir el porcentaje exacto del catalizador de la mezcla.
PULIDORA LIJADORA		Lijado y pulido final del gelcoat. Pulidora lijadora tipo Bosch o similar.

8.-EQUIPOS

EQUIPOS VARIOS
TABLA 15

DENOMINACIÓN	EQUIPOS	APLICACIÓN
LLAVES DE PASO DESAGUES IRF		1.-Desagues 2.-Expulsión del agua interior, sistema **IRF**
COCINA		Cocina de gas Horno
LAVABO		Lavabo baño
FREGADEROS		Fregaderos, zona cocina
NEVERA		Nevera eléctrica alimentos
WINCHES		Winches maniobras
MOTOR ANCLA CADENAS CABOS		Fondeo: 1.- Motor recogida ancla 2.-Ancla 3.-Cadenas 4.-Cabos
INODORO		Inodoro tipo "Vetus" o similar.

MASTIL BOTAVARA CRUCETAS OBENQUES CABLES VELAS MANIOBRA		Equipos velas, maniobras
MOTOR MARINO		Motor tipo Volvo o similar.
DEPOSITOS AGUAS NEGRAS		Depósitos para baño y cocina. Tipo Vetus o similar
DEPOSITOS AGUA POTABLE		Depósitos de agua potable, incluido mecanismos para su buen funcionamiento. Tipo Vetus o similar
DEPOSITOS GASOIL		Depósitos para combustibles tipo gas-oil. Tipo Vetus o similar
BATERIAS		Baterías y equipos eléctricos. Tipo Vetus o similar
BOMBONA DE GAS		Bombona gas, para funcionamiento de los fogones de la cocina
EQUIPOS TIMÓN CANDELEROS CORNAMUSAS ETC.		Instalación de los equipos en cubierta.

TODOS LOS DERECHOS RESERVADOS

9.-MÉTODO 1

PLANOS
MÉTODOS 1 y 2

La adquisición de los planos correspondientes al velero "**DELFIN 35 –M**" o al "**DELFIN 35-E**", para realizar su construcción en plan amateur, nos permitirá tener acceso a la siguiente documentación:

1.- CARPETA. Carpeta con los planos para la confección de las plantillas de construcción. **E: 1/1.**

Planos correspondientes a las plantillas para la construcción del núcleo de madera, del **METODO 1**, o bien, los planos de las plantillas para la construcción del núcleo de espuma, que corresponden al **MÉTODO 2**. Siendo los planos de ambos métodos distintos.

Archivos en **pdf**

2.-CARPETA Carpeta con los planos para la tramitación del abanderamiento y matriculación **E:1/20; E:1/25**. Estos planos sirven para los dos **MÉTODOS.**

Archivos en **pdf**

3.-CARPETA Detalles constructivos. **E:1/10, E:1/1**
Estos planos sirven para los dos **MÉTODOS**

Archivos en **pdf**

4.-CARPETA Carpeta con documentación

Archivos en **pdf**

TODOS LOS DERECHOS RESERVADOS

DESCRIPCIÓN NÚCLEO DE MADERA

MÉTODO-1

El Método 1, construcción amateur de una embarcación del tipo sándwich, con núcleo de madera.

Este método consiste en la construcción del casco sobre las secciones transversales **ST**, colocadas según lo indicado en los planos, sobre las cuales iremos colocando listones que afirmaremos encolando y fijando con clavos unos con otros, formando el casco.

Posteriormente, una vez construido el volumen del casco con los listones de madera, laminaremos la parte exterior con capas de " Mat " y " Roving " impregnadas con resinas, según este previsto en los planos de laminado, ejecutando de forma maciza la zona central longitudinalmente incluida la roda, en la parte central del casco.

Construido el casco con el laminado exterior, pasaremos a sacarlo de las secciones, girándolo y colocándolo horizontalmente para proceder a la laminación interior junto a la colocación de los refuerzos longitudinales y transversales, uniéndolos al casco.

Acabadas las laminaciones anteriores, colocaremos en su interior las secciones transversales con sus interiores recortados, fijando sus perímetros con **3 "Mats"** a cada lado. Fijadas las secciones colocaremos los refuerzos laterales y longitudinales del casco, revestidos de un laminado de fibra de vidrio y resinas.

Con los interiores acabados, con sus formas definitivas de las secciones transversales **ST**, longitudinales **SL** y horizontales **SH**. Antes de cerrar con la cubierta, colocaremos los rellenos de espuma para proteger los volúmenes de flotabilidad **IRF**, colocando el piso.

Acabados los interiores procederemos a la realización de las cubiertas y cabina, también tipo sándwich, estratificado con núcleo de madera.

Realizadas las cubiertas de madera y laminado con fibras y resinas la parte exterior, extraeremos las cubiertas del casco y le damos un giro para laminar con fibras y resinas los interiores de estas.

Una vez laminadas las cubiertas tanto el exterior como el interior de estas, procederemos a colocarlas de nuevo en la embarcación, laminando la unión del casco con la cubierta, mediante una franja de laminado, siguiendo con la unión de los mamparos con estas

LISTADO PLANTILLAS

MÉTODO 1

Listado de planos para la creación de plantillas distintos de los del MËTODO-2

**CARPETA -1
PLANTILLAS
E: 1/1**

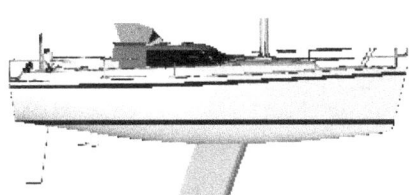

EMBARCACIÓN EN SANDWICH DE MADERA

LISTADO DE PLANOS:

PF.-PLANOS PLANTILLAS – E : 1/1:

(01) DELFIN 35-M-plantillasA01   Secciones transversales ST .Casco
(02) DELFIN 35-M-plantillasA02   Secciones transversales ST .Casco
(03) DELFIN 35-M-plantillasA03   Secciones transversales ST .Cubiertas
(04) DELFIN 35-M-plantillasA   Secciones transversales ST .Cabina

(05) DELFIN 35-M-plantillasB01   Secciones transversales ST .Casco
(06) DELFIN 35-M-plantillasB02   Secciones transversales ST .Casco
(07) DELFIN 35-M-plantillasB03   Secciones transversales ST .Cubiertas
(08) DELFIN 35-M-plantillasB   Secciones transversales ST .Cabina

(09) DELFIN 35-M-PERFIL NACA
(10) DELFIN 35-M-PALA TIMÓN

PLANTILLAS

Planos de las plantillas, secciones transversales (ST). E:1/1.

Encoladas sobre tableros de contrachapado de madera de **3** a **4** mm, de grosor.

Colocados haciendo coincidir las referencias (Triángulos) horizontales y verticales.

Los cortes de las secciones, quedan indicados en los planos, las secciones transversales indican la línea de corte, estas no incluyen los gruesos del casco.Fig.62

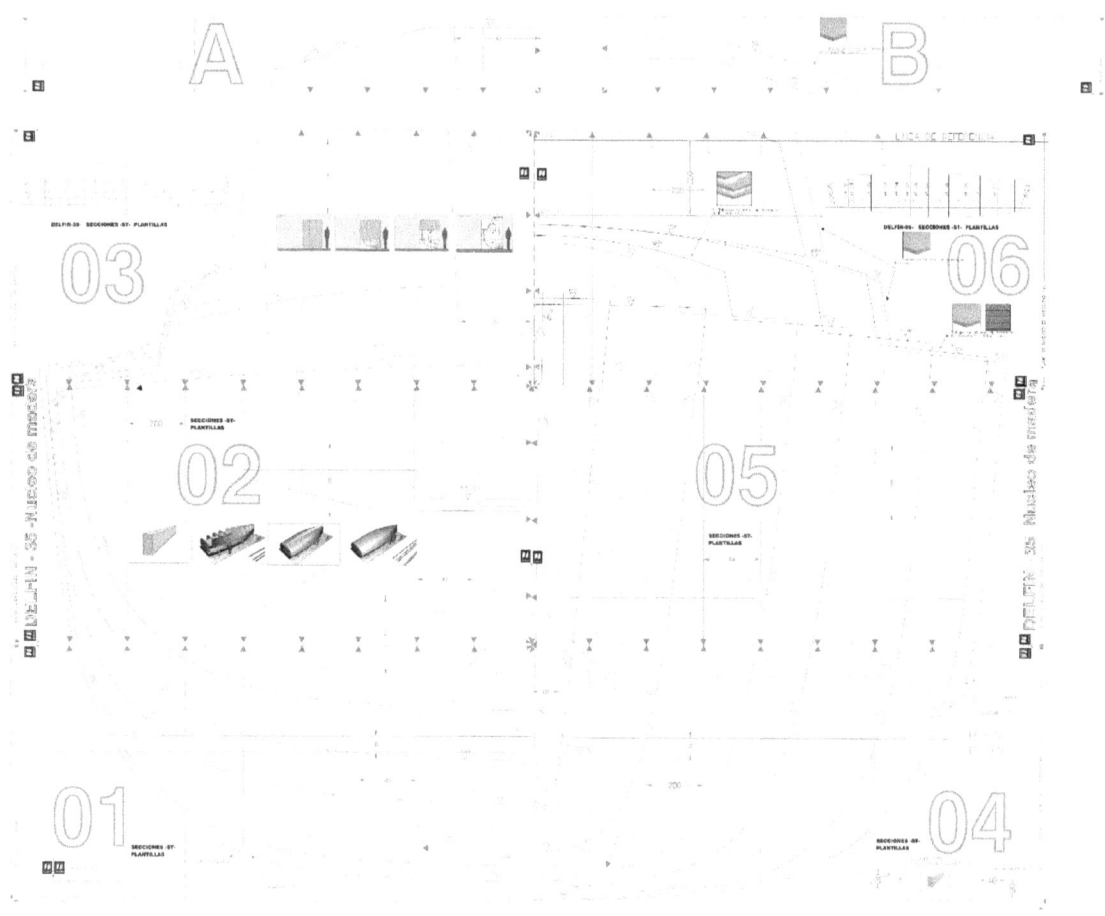

Fig.62.- Planos plantillas

10.-MÉTODO 2

-DESCRIPCIÓN NÚCLEO DE ESPUMA

MÉTODO-2

El Método 2, corresponde a la construcción amateur de una embarcación del tipo sándwich, con núcleo de espuma.

Este método consiste en la construcción del casco sobre las secciones transversales **ST**, colocadas según lo indicado en los planos, sobre las cuales iremos colocando listones que afirmaremos encolando y fijando con clavos unos con otros y sobre estos colocaremos las placas de espuma del tipo Divinycell, o similar en la formación del casco.

Posteriormente, una vez construido el volumen del casco con las láminas de espuma colocadas, laminaremos la parte exterior con capas de " **Mat** " y " **Roving** " impregnadas con resinas, según este previsto en los planos de laminado, ejecutando de forma maciza la zona central longitudinalmente incluida la roda, a todo lo largo de la parte central del casco indicada en los planos.

Construido el casco con el laminado exterior, pasaremos a sacarlo de las secciones, girándolo y colocándolo horizontalmente para proceder a la laminación interior junto a la colocación de los refuerzos longitudinales y transversales, uniéndolos al casco.

Acabadas las laminaciones anteriores, colocaremos en su interior las secciones transversales con sus interiores recortados, fijando sus perímetros con **3 "Mats"** a cada lado. Fijadas las secciones, colocaremos los refuerzos laterales y longitudinales del casco, revestidos de un laminado de fibra de vidrio y resinas.

Con los interiores acabados, con sus formas definitivas de las secciones transversales **ST**, longitudinales **SL** y horizontales **SH**. Antes de cerrarlos con la cubierta, colocaremos los rellenos de espuma para proteger los volúmenes de flotabilidad **IRF**, tapándolos mediante un laminado a base de Mats y cerrándolos con el piso.

Acabados los interiores procederemos a la realización de las cubiertas y cabina, también tipo sándwich, estratificado con núcleo de espuma.

Realizadas las cubiertas y laminado con fibras y resinas la parte exterior, extraeremos las cubiertas del casco y le damos un giro para laminar con fibras y resinas los interiores de estas.

Una vez laminadas las cubiertas tanto el exterior como el interior de estas, procederemos a colocarlas de nuevo en la embarcación, laminando la unión del casco con la cubierta, mediante una franja de laminado y con la unión de los mamparos a las cubiertas.

LISTADO PLANTILLAS

MÉTODO 2

Listado de planos para la creación de plantillas distintos de los del MÉTODO-2

CARPETA -1
PLANTILLAS
E: 1/1

LISTADO DE PLANOS - MÉTODO 2

Listado de planos para la creación de plantillas distintos de los del MÉTODO-1

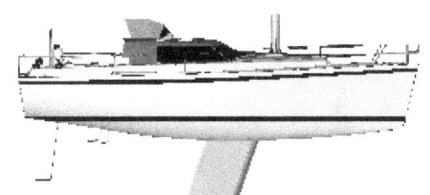

EMBARCACIÓN EN SANDWICH DE ESPUMA

LISTADO DE PLANOS:

PF.-PLANOS PLANTILLAS – E : 1/1:

(01) DELFIN 35-E-plantillasA01   Secciones transversales ST .Casco
(02) DELFIN 35-E-plantillasA02   Secciones transversales ST .Casco
(03) DELFIN 35-E-plantillasA03   Secciones transversales ST .Cubiertas
(04) DELFIN 35-E-plantillasA   Secciones transversales ST .Cabina

(05) DELFIN 35-E-plantillasB01   Secciones transversales ST .Casco
(06) DELFIN 35-E-plantillasB02   Secciones transversales ST .Casco
(07) DELFIN 35-E-plantillasB03   Secciones transversales ST .Cubiertas
(08) DELFIN 35-E-plantillasB   Secciones transversales ST .Cabina

(09) DELFIN 35-E-PERFIL NACA
(10) DELFIN 35-E-PALA TIMÓN

TODOS LOS DERECHOS RESERVADOS

11.-MÉTODOS 1 y 2

LISTADO DE PLANOS - **MÉTODO 1 y 2**

Listados de planos de las carpetas 2 y 3, iguales en los dos METODOS

PF.-PLANOS – E : 1/10:

(11) DELFIN 35-E-ST02   Secciones transversales
(12) DELFIN 35-E-ST02   Secciones transversales
(13) DELFIN 35-E-ST03   Secciones transversales
(14) DELFIN 35-E-ST04   Secciones transversales
(15) DELFIN 35-E-ST05   Secciones transversales
(16) DELFIN 35-E-ST06   Secciones transversales

(17) DELFIN 35-E-SH03   Secciones horizontales
(18) DELFIN 35-E-SH04   Secciones horizontales
(19) DELFIN 35-E-SH05   Secciones horizontales

(20) DELFIN 35-E-DT01   Detalles técnicos ORZA DE PLOMO TRADICIONAL
(21) DELFIN 35-E-DT02   Detalles técnicos ORZA DE PLOMO + FORRO INOX
(22) DELFIN 35-E-DT03   Detalles técnicos PALA TIMÓN
(23) DELFIN 35-E-DT04   Detalles técnicos SOPORTE OBENQUES
(24) DELFIN 35-E-DT05   Detalles técnicos SOPORTES-ESTAY , BACKSTAY
(25) DELFIN 35-E-DT06   Detalles técnicos ESCORAS

PF.-PLANOS – E : 1/20:

(26) DELFIN 35-M-PF01   Planos de formas SECCIONES ST, SH, SL
(27) DELFIN 35-M-PF02   Planos de formas DISTRIBUCIONES
(28) DELFIN 35-M-PF03   Planos de formas LAMINADOS CASCO
(29) DELFIN 35-M-PF04   Planos de formas LAMINADOS CUBIERTAS
(30) DELFIN 35-M-PF05   Planos de formas REFUERZOS CASCO
(31) DELFIN 35-M-PF06   Planos de formas REFUERZOS CUBIERTAS

(32) DELFIN 35-M-SH01   Secciones horizontales DEPOSITOS, BATERIAS
(33) DELFIN 35-M-SH02   Secciones horizontales MOBILIARIO

(34) DELFIN 35-M-SL01   Secciones longitudinales MOBILIARIO BABOR
(35) DELFIN 35-M-SL02   Secciones longitudinales MOBILIARIO BABOR
(36) DELFIN 35-M-SL03   Secciones longitudinales M.BABOR ESTRIBOR
(37) DELFIN 35-M-SL04   Secciones longitudinales MOBILI. ESTRIBOR
(38) DELFIN 35-M-SL05   Secciones longitudinales MOBILI. ESTRIBOR

(39) DELFIN 35-M-IRF01   Insumergible IRF
(40) DELFIN 35-M-IRF02   Insumergible IRF

PF.-PLANOS – E : 1/25:

(41).- DELFIN 35-M-PV01   Plano Velico

PLANOS DE FORMAS -PF

PF-01.- Plano de líneas de agua del casco, incluidas diagonales y área de superficies de la parte sumergida del casco
.Fig.64

**CARPETA - 2
PLANOS
E: 1/20**

PF-01.- Plano de formas- Secciones de construcción.
Fig.-64

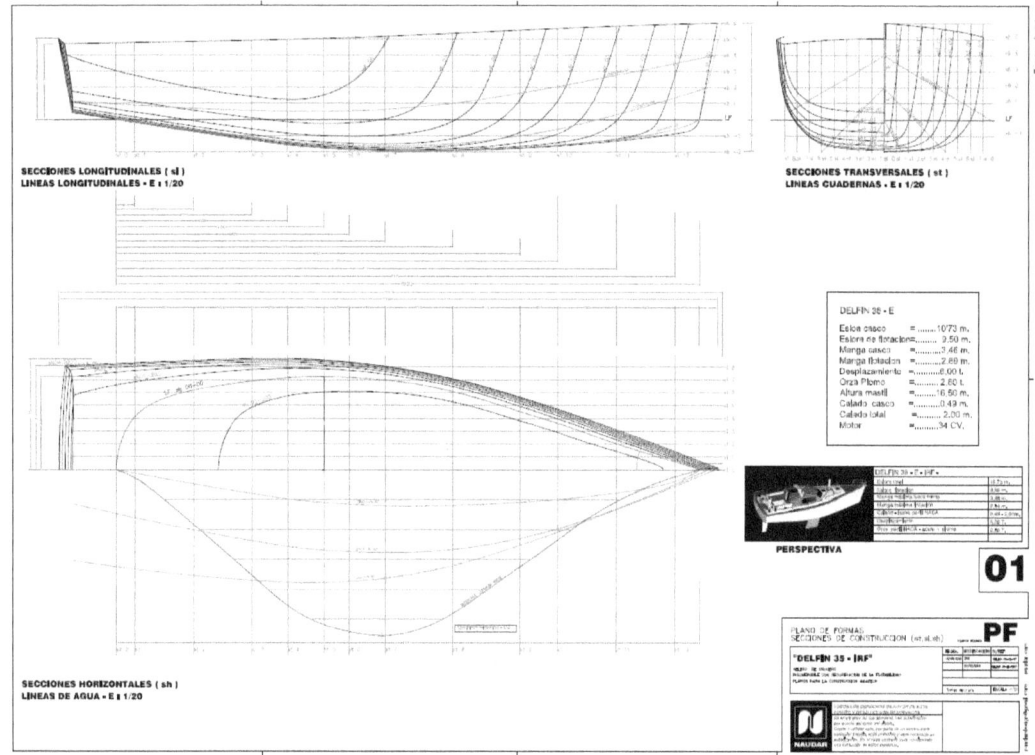

Fig.64.- PF-01

PF-02.- Distribución interior- Espacio disponible en la cabina- Maniobra cubierta.
Fig.65

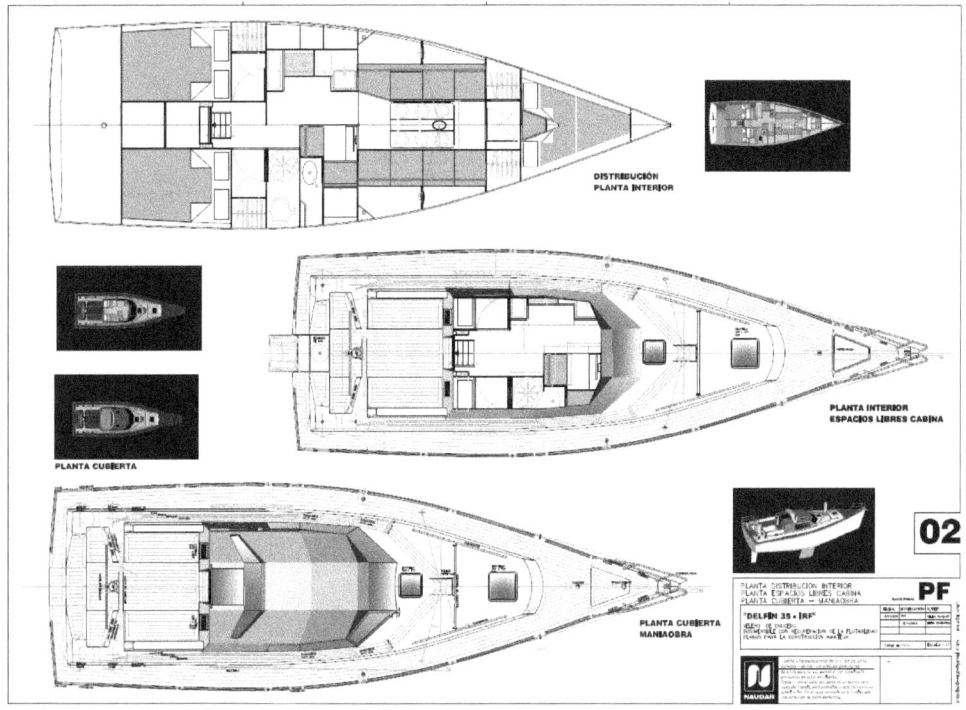

Fig.60.-PF-65

PF-03.- Zonas de laminación, capas y detalles.
Fig.66

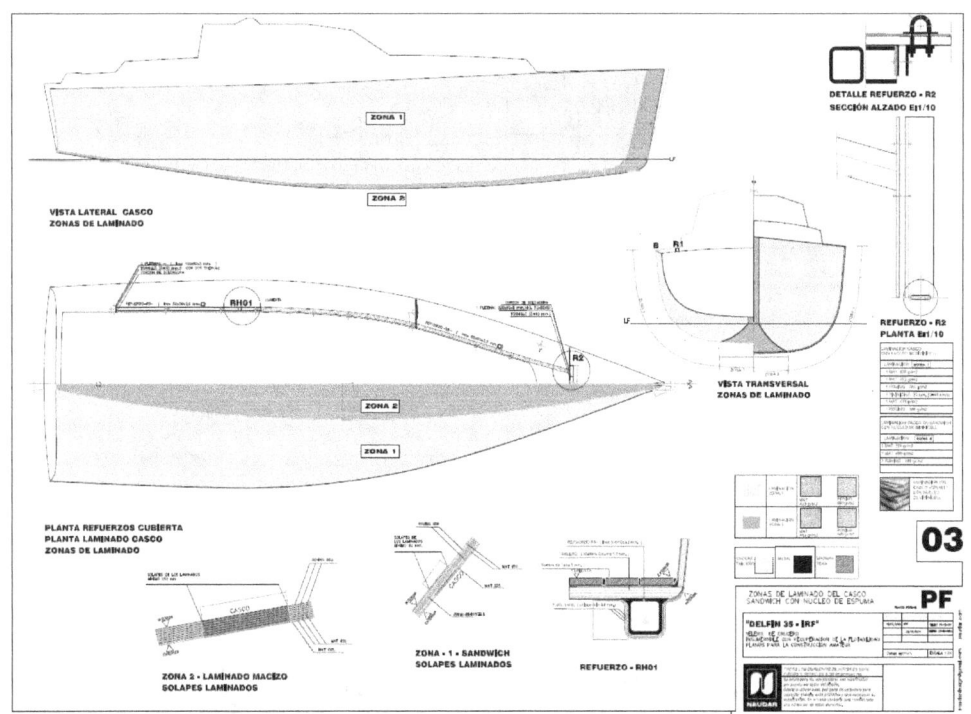

Fig.61.-PF-66

PF-04.- Zonas de laminación de la cubierta – Detalles.
Fig.67

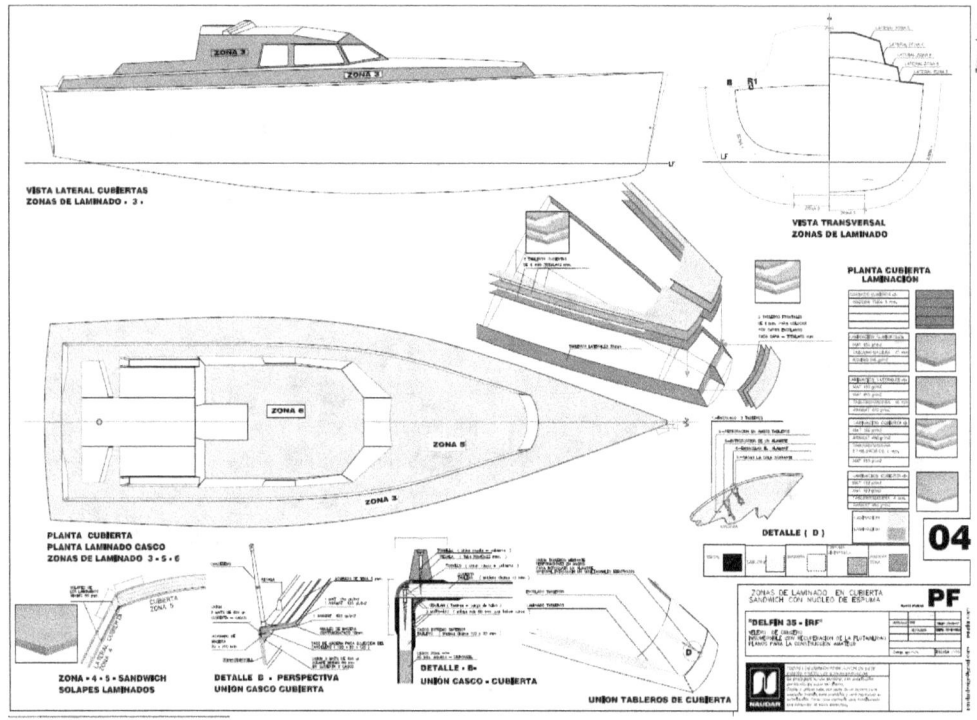

Fiog.62.-PF.-67

PF-05.- Laminación refuerzos casco – Detalles.
Fig.68.

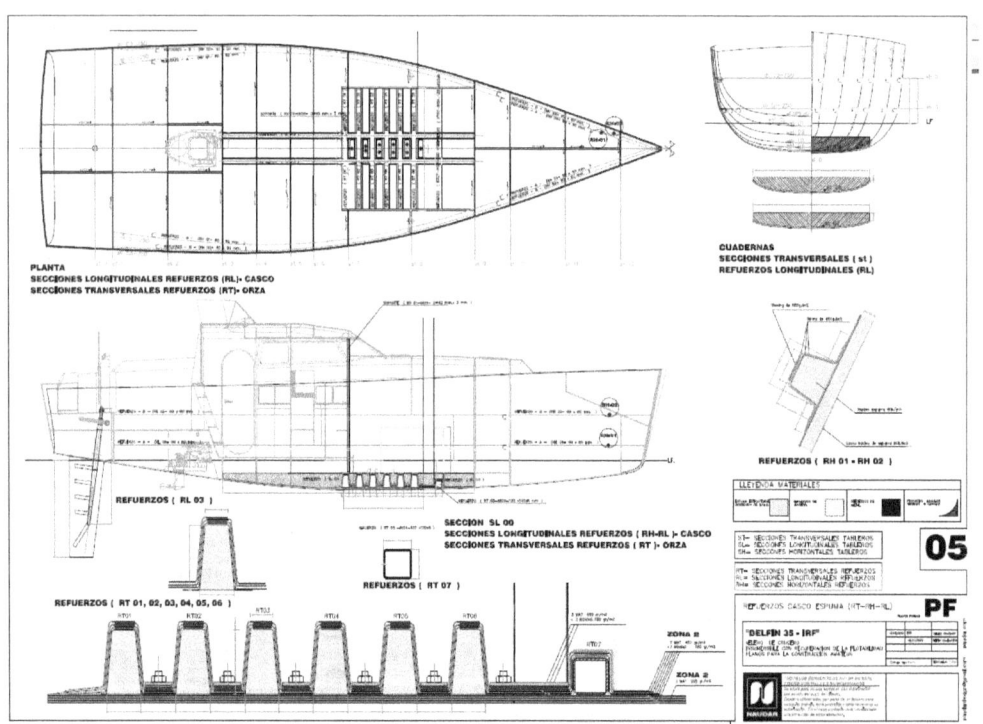

Fig.68.-PF-05

PF-06.- Zona a reforzar para colocación de equipos – Detalles
. Fig.69.

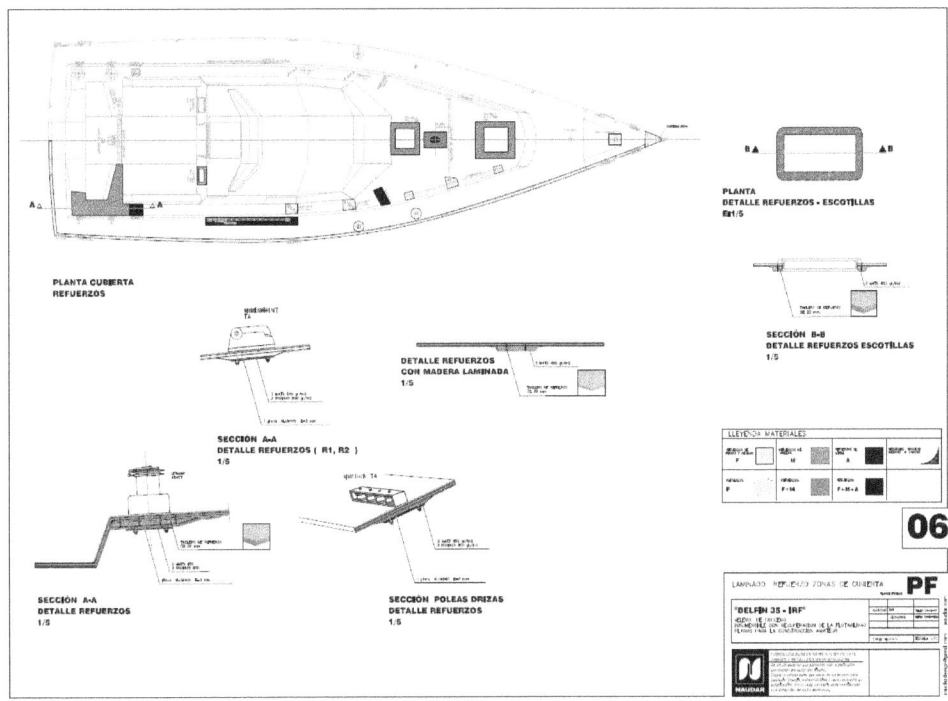

Fig.64.- PF-69

21.-SUPERFICIE VELICA SV.
Plano velico – Crucetas – Obenques – Estay de proa y popa - SV.
Fig.70.

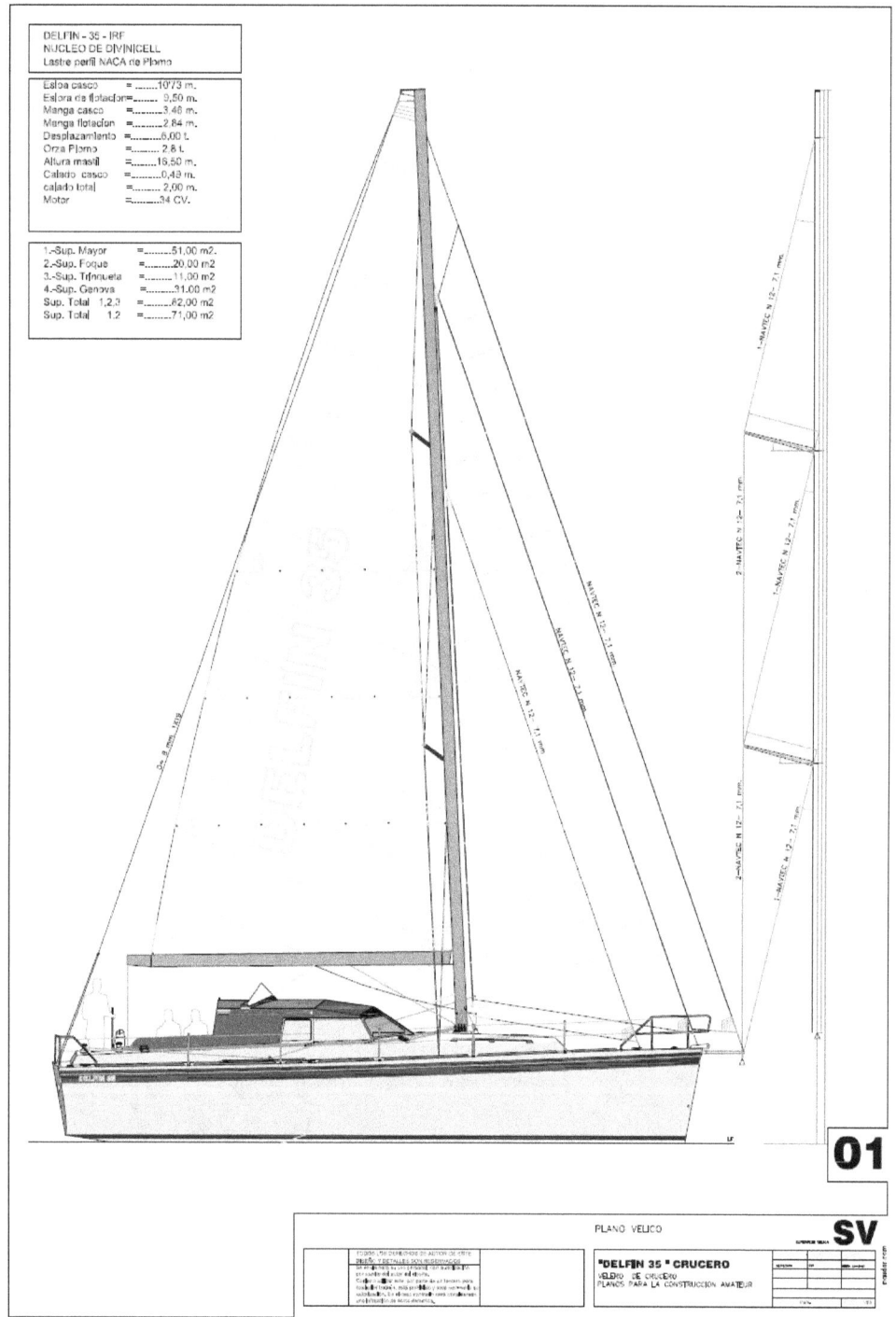

Fig.70.- V-01

22.-SECCIONES TRANSVERSALES-ST

ST-01.- Secciones transversales – Corte de los mamparos ST.
Fig.71.

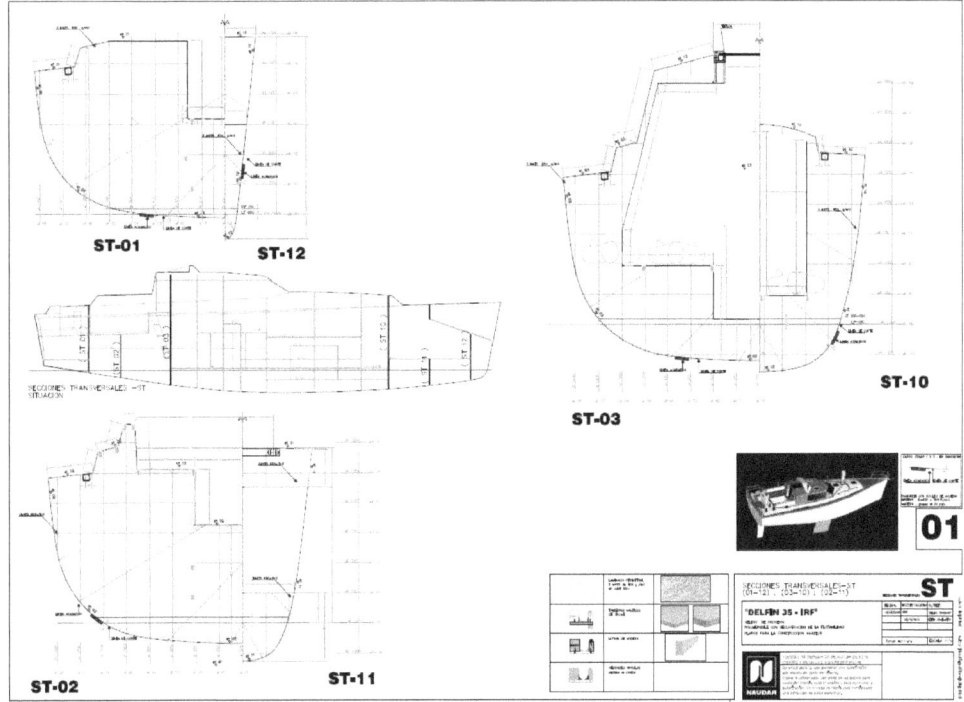

Fig.71.- ST-01

ST-02.- Secciones transversales – Corte de los mamparos.
Fig.72

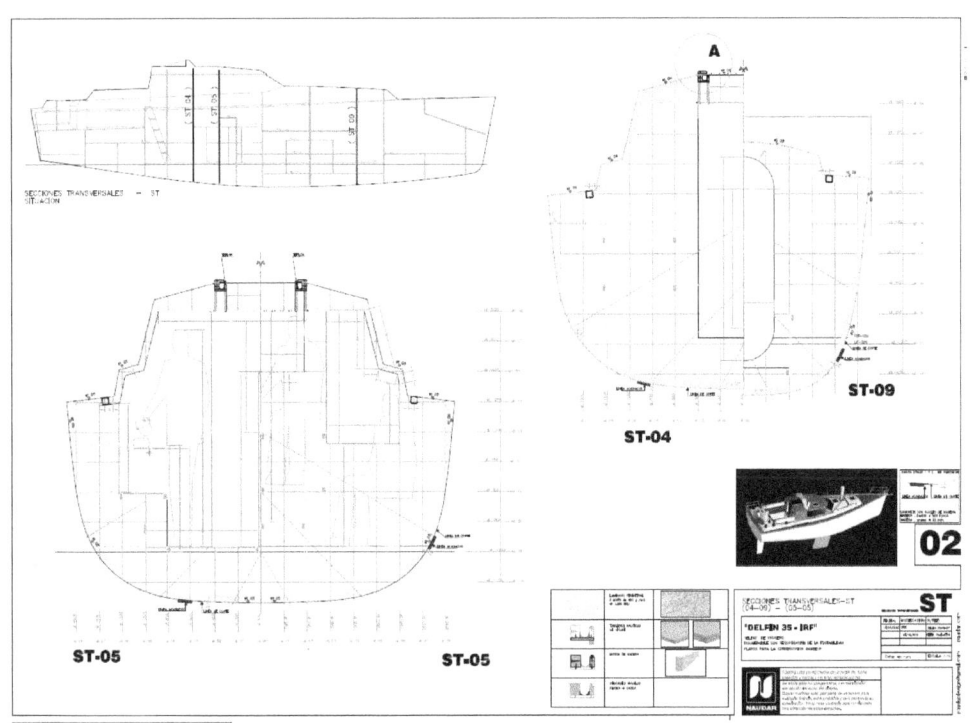

Fig.72.- ST-02

ST-03.- Secciones transversales – Corte de los mamparos
.Fig.73

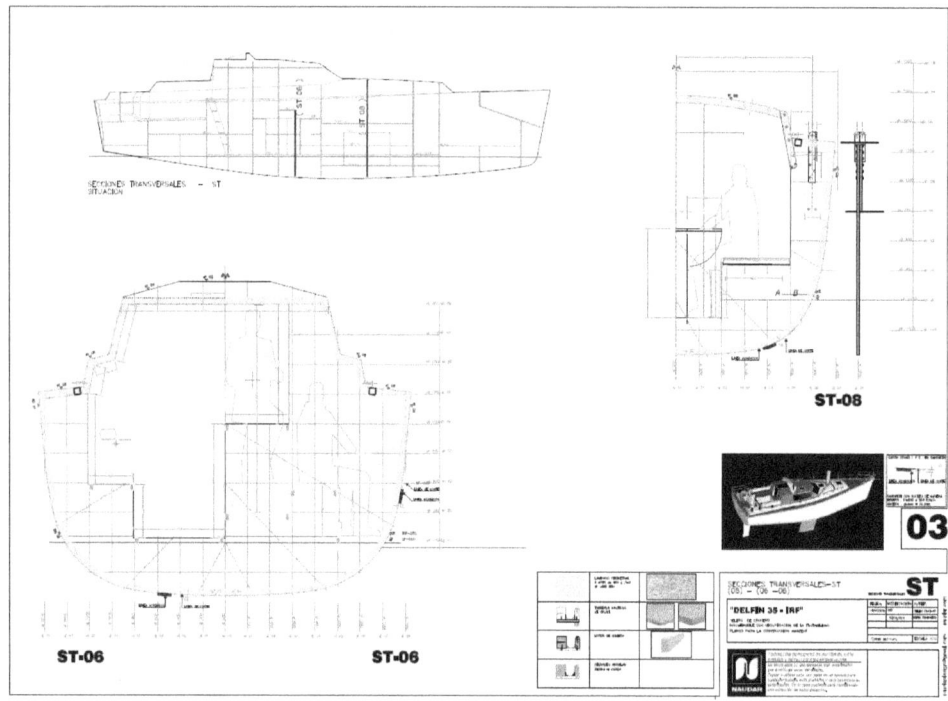

Fig.73.- ST-03

ST-04.- Secciones transversales – Corte de los mamparos – Detalle.
Fig.74

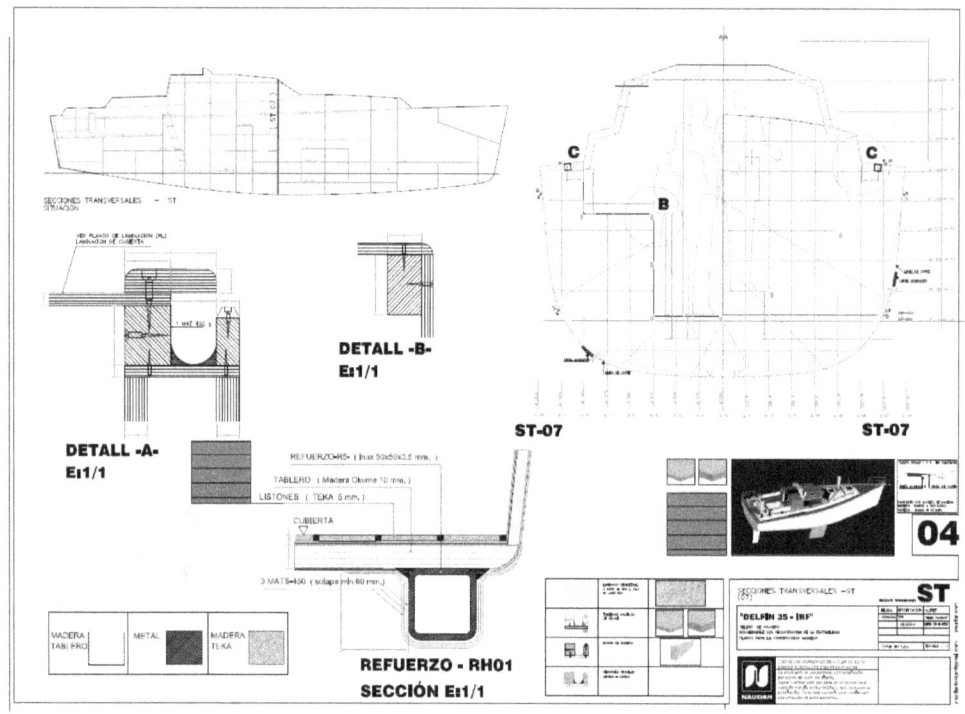

Fig.74.- ST-04

ST-05.- Secciones transversales – Corte de los mamparos – Espejo – Detalles
.Fig.75.

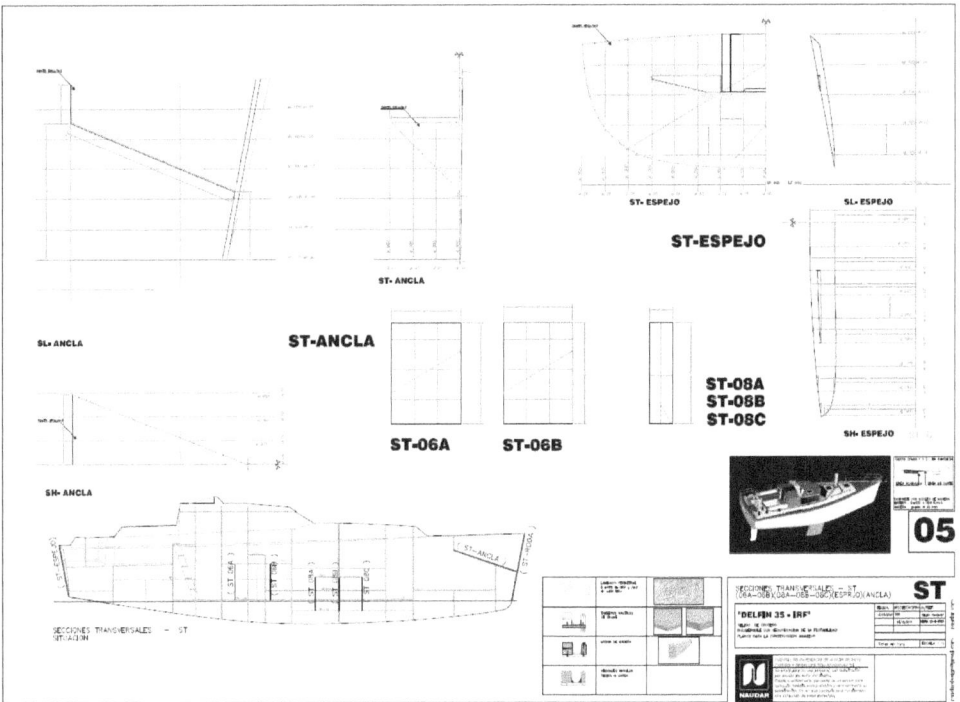

Fig.75.- ST-05

Secciones transversales – Zona bañera- Detalle.
Fig.76.

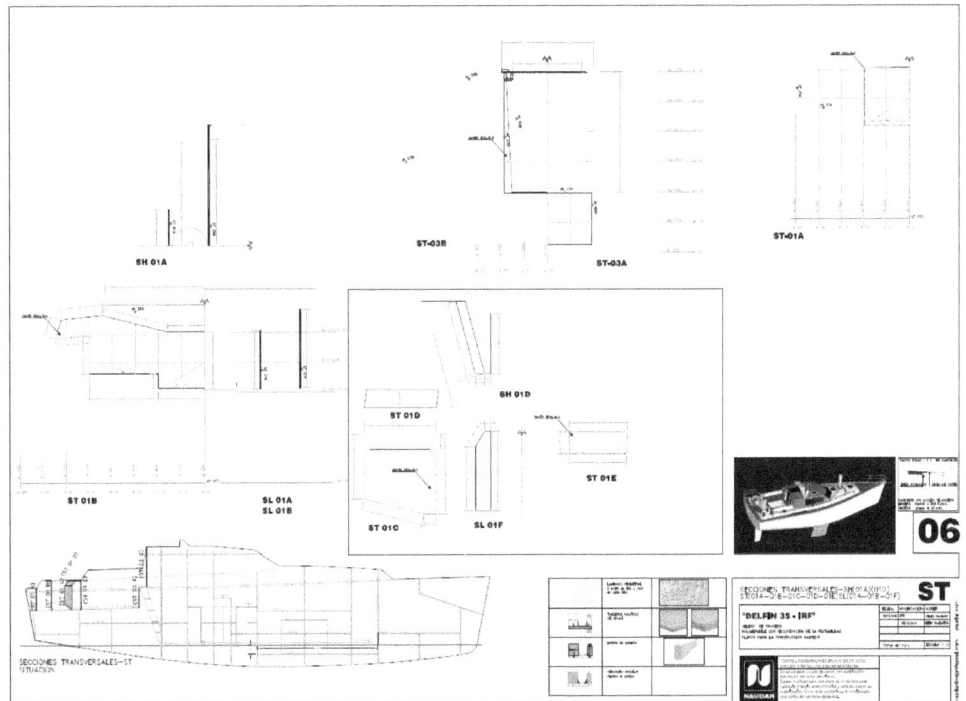

Fig.76.- ST-06

SECCIONES LONGITUDINALES - SL
SL-01.- Secciones longitudinales – Corte mobiliario
.Fig.77.

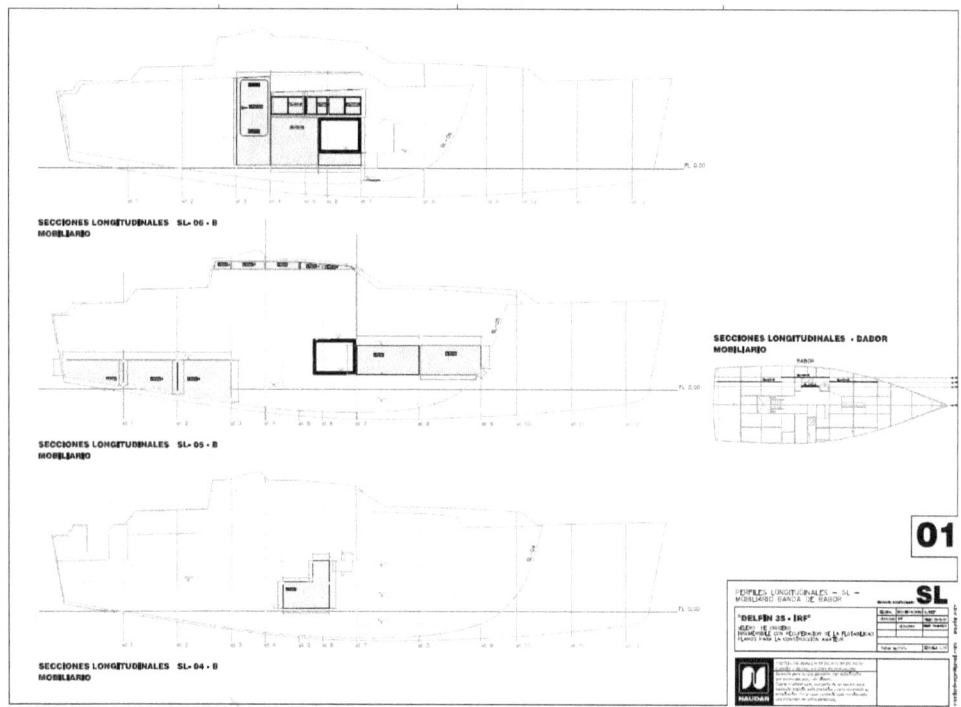

Fig.77.-SL-01

SL-02.- Secciones longitudinales – Corte mobiliario.
Fig.78.

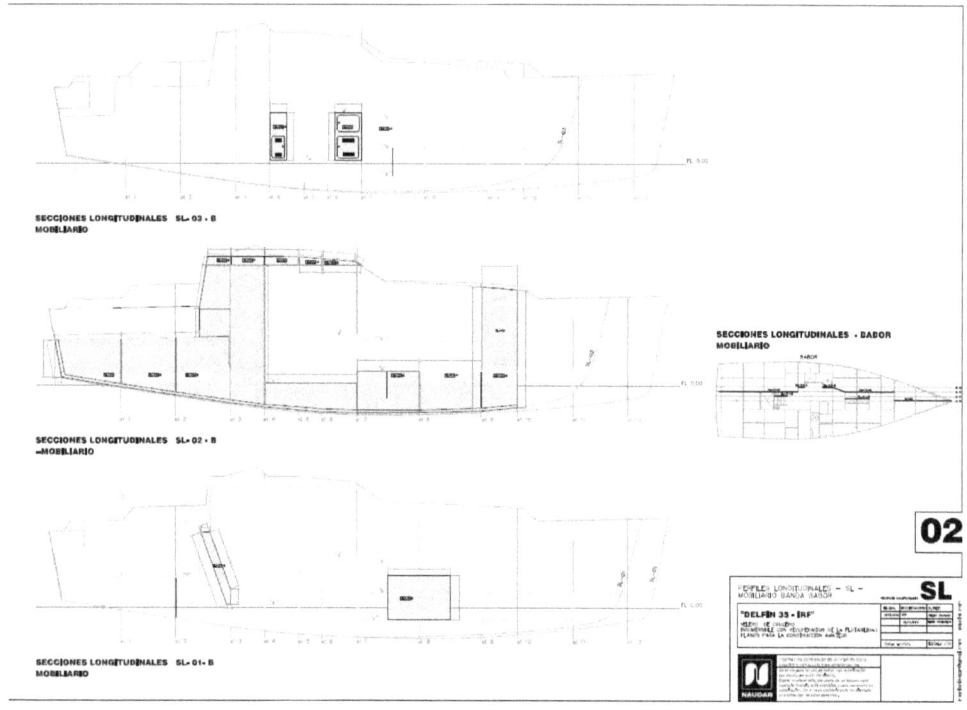

Fig.78.- SL-02

SL-03.- Secciones longitudinales – Corte mobiliario.
Fig.79.

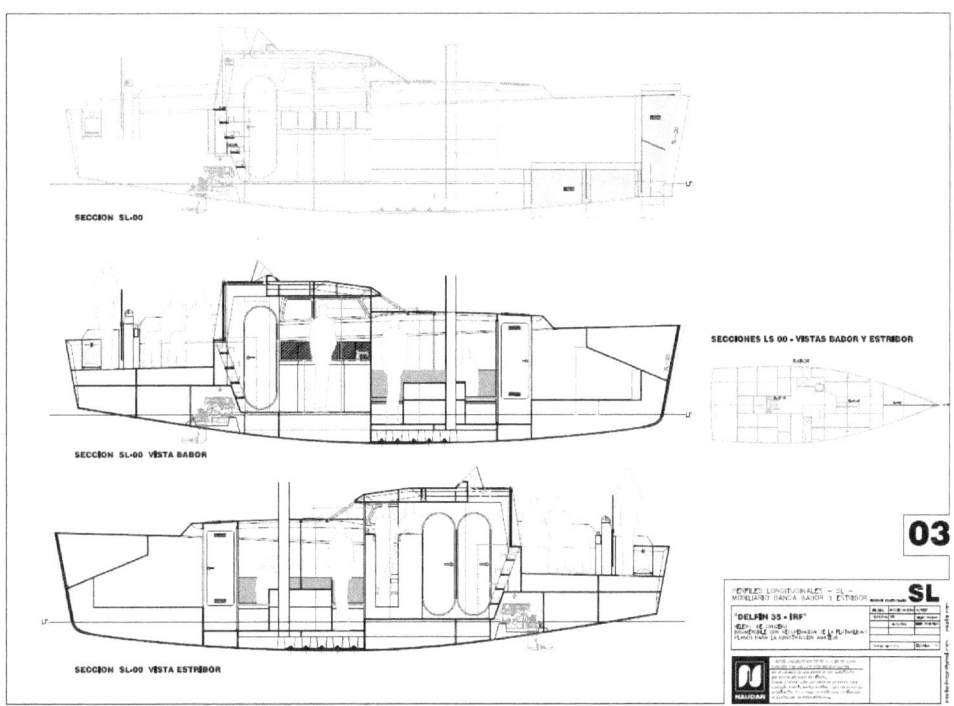

Fig.79.- SL-03

SL-04.- Secciones longitudinales – Corte mobiliario
.Fig.80.

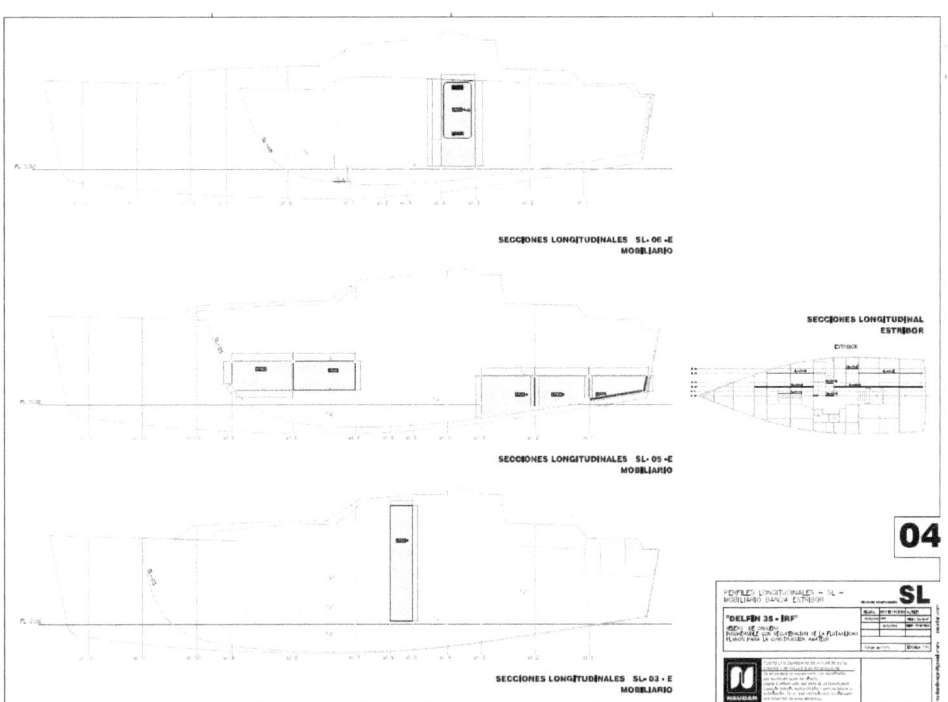

Fig.80.- SL-04

SL-05.- Secciones longitudinales – Corte mobiliario.
Fig.81.

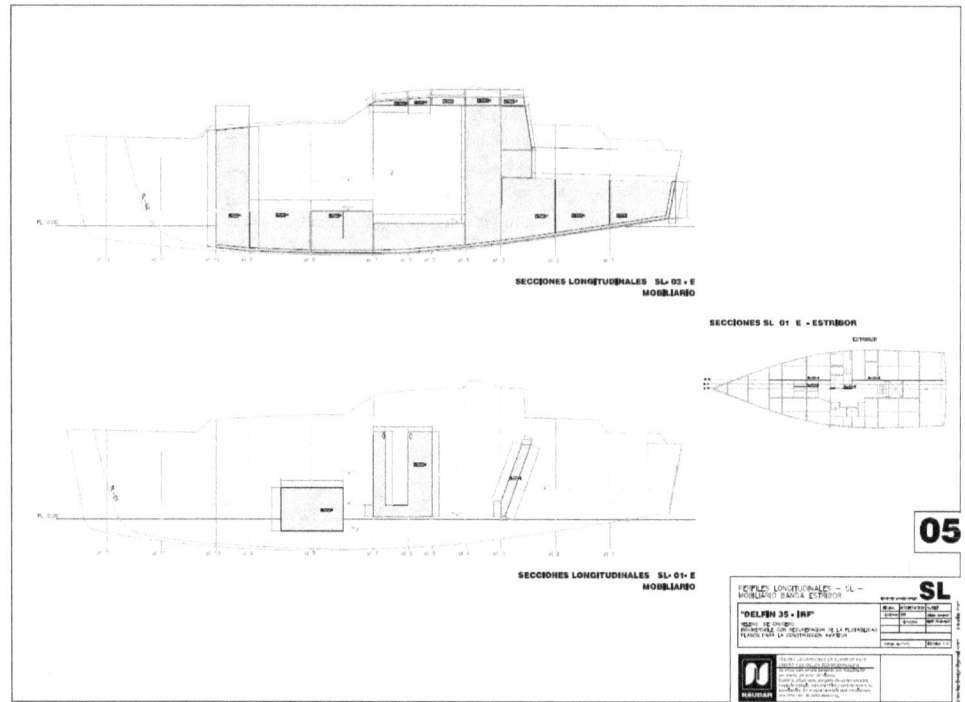

Fig.81.- SL-05

SECCIONES HORIZONTALES – SH

SH-01.- Secciones horizontales – Piso - Corte mobiliario
.Fig.82.

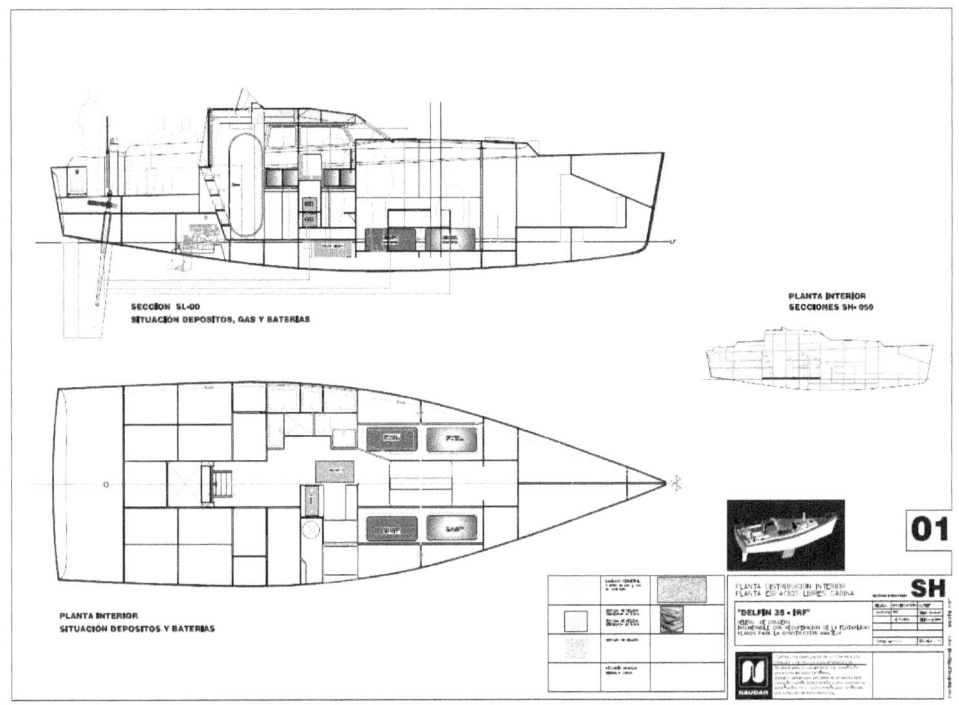

Fig.82.- SH-01

SH-02.- Secciones horizontales – Piso - Corte mobiliario.
Fig.83.

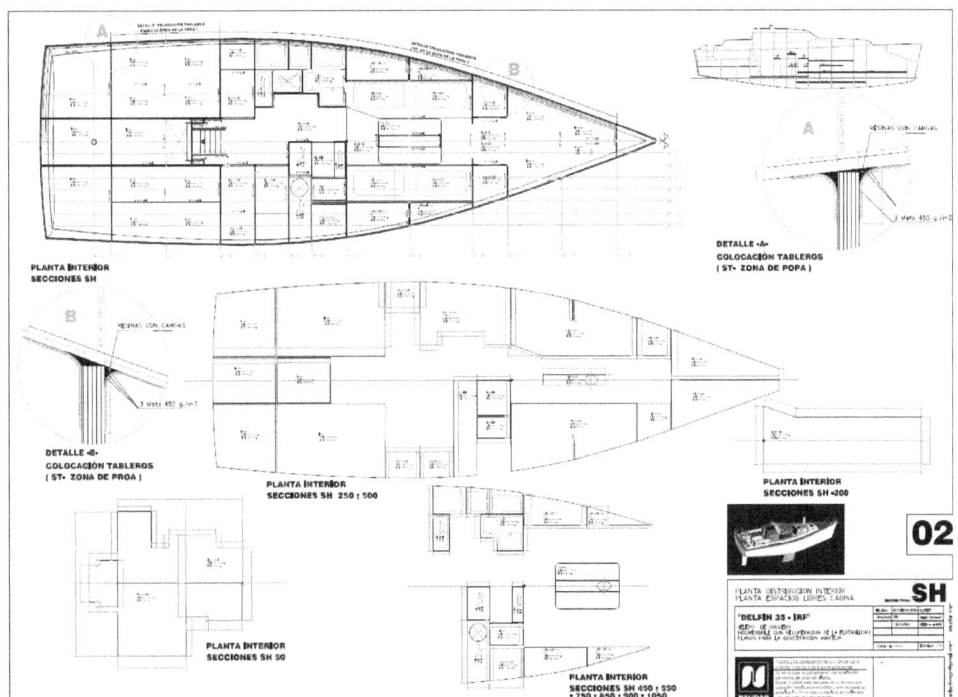

Fig.83.- SH-02

SH-03.- Secciones cabina – Detalles.
Fig.84.

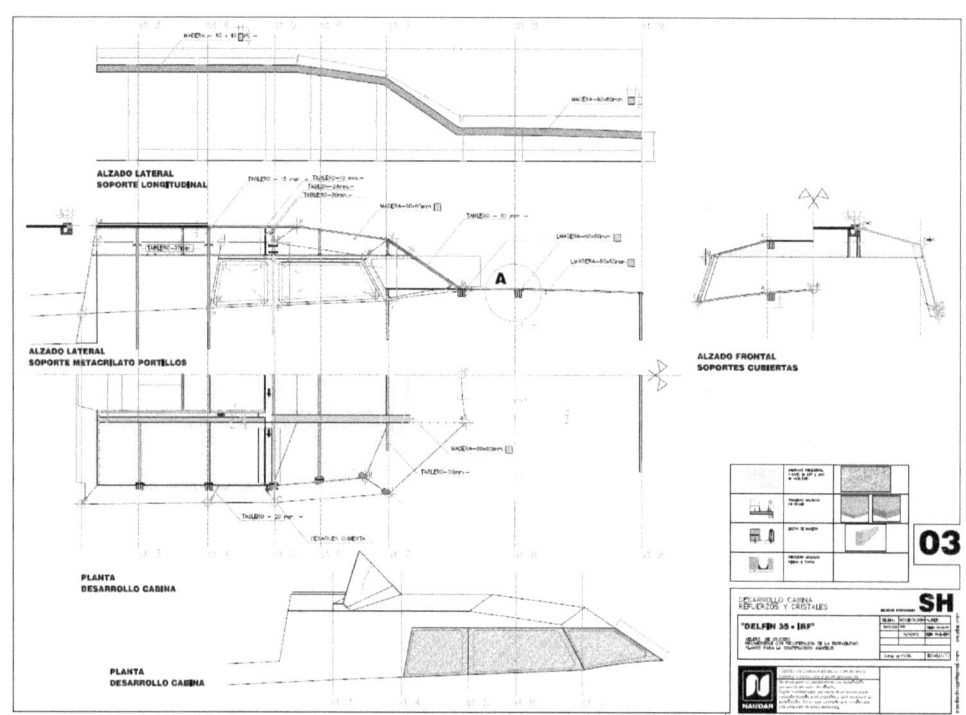

Fig.84.- SH-03

SH-04.- Secciones cabina – Detalles.
Fig.85

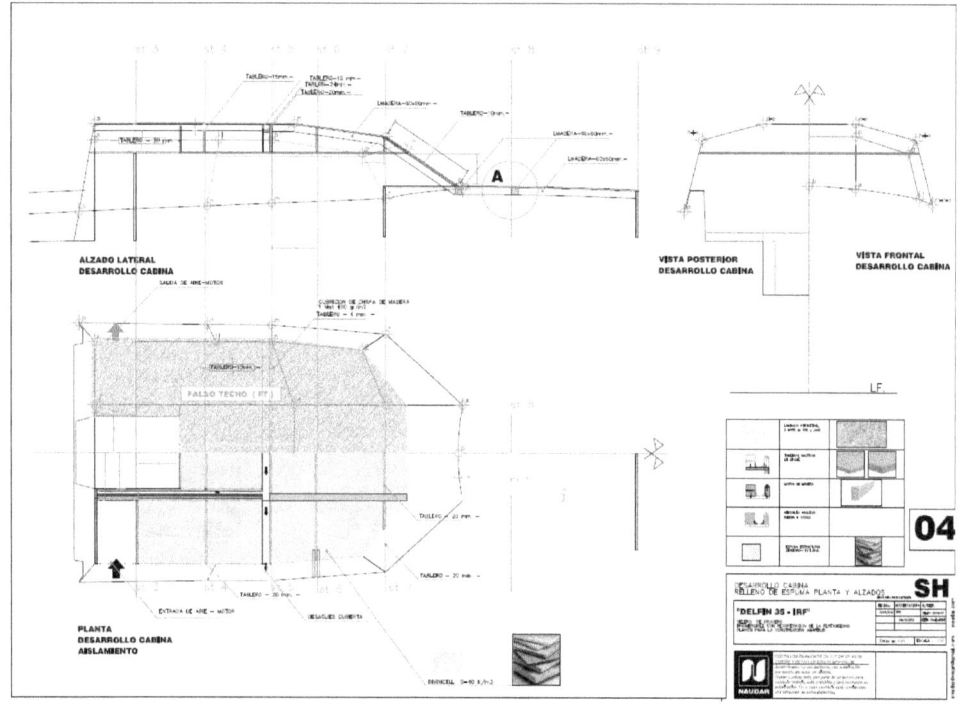

Fig.85.- SH-04

SH-05.- Secciones cabina – Detalles despiece.
Fig. 86

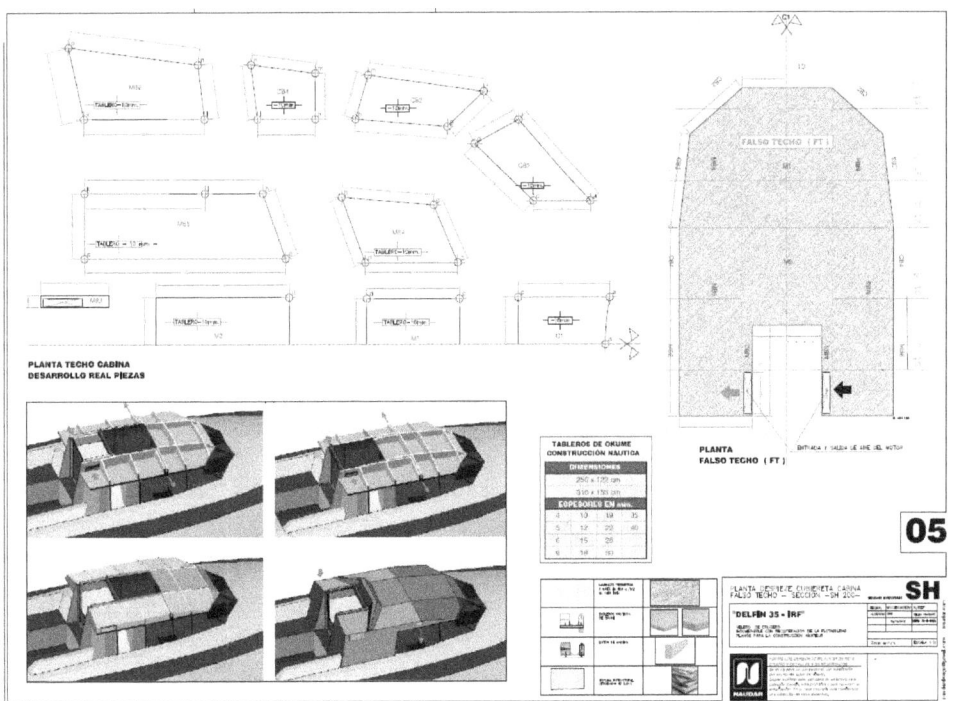

Fig.86.- SH-05

INSUMERGIBILIDAD - IRF
IRF-01.- Colocación depósitos – IRF – Espumas
.Fig.87

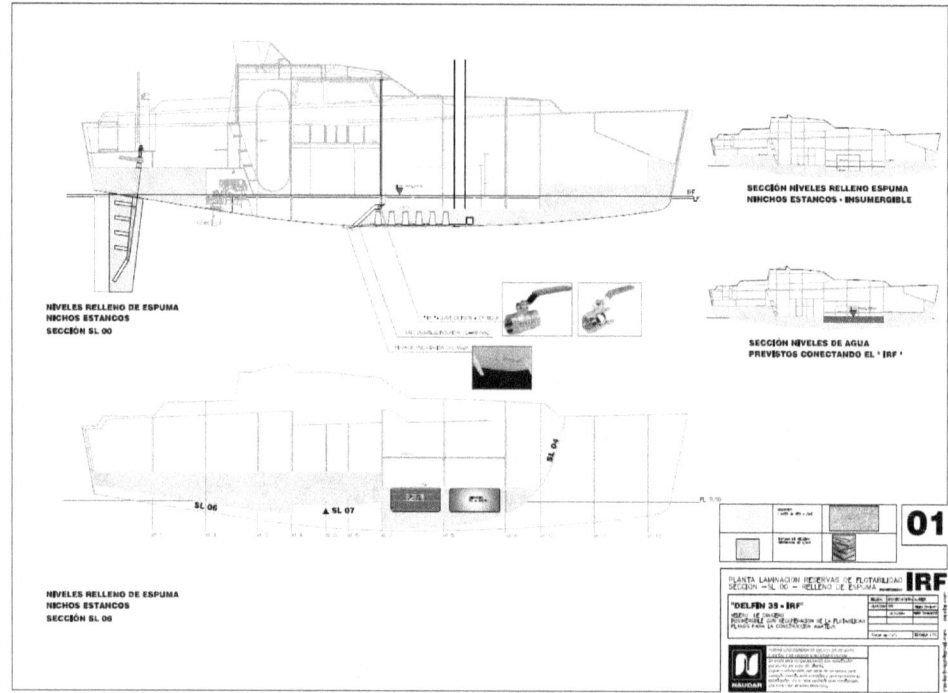

Fig.87.-IRF-01

RF-02.- Colocación depósitos – IRF – Espuma
.Fig-88

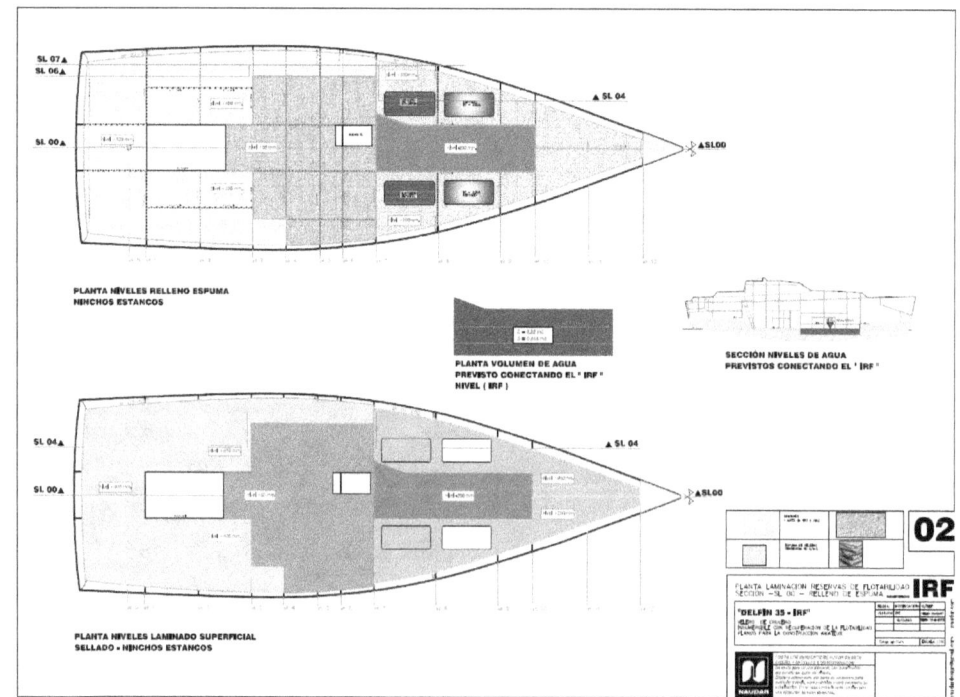

Fig.88.- IRF-02

DETALLES TÉCNICOS – DT

CARPETA - 3
DETALLES
E: 1/10

DT-01.-Detalle Orza de perfil Naca maciza
.Fig.89

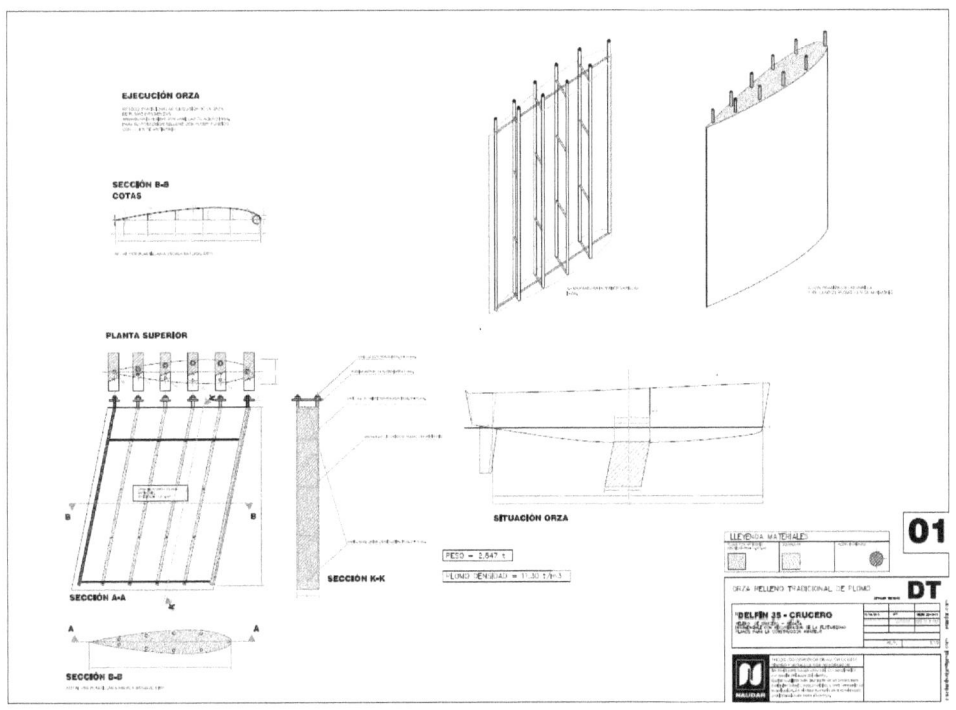

Fig.89.- DT-01

DT-02.- Detalle Orza de perfil Naca maciza – Proceso constructivo.
Fig.90

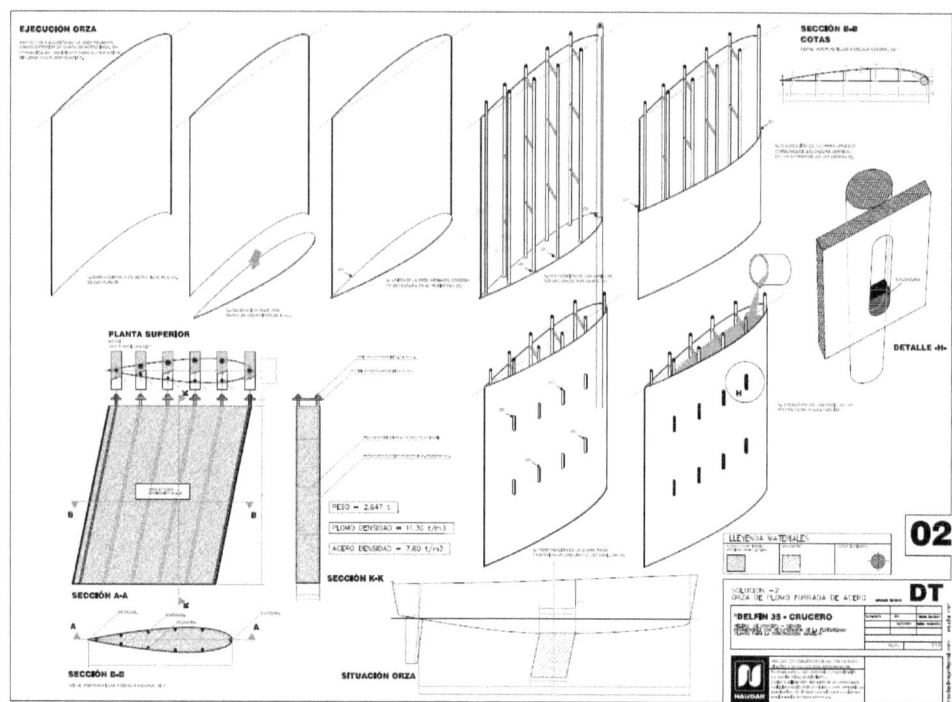

Fig.90.- DT-02

DT-03.-Detalle timón.
Fig.91

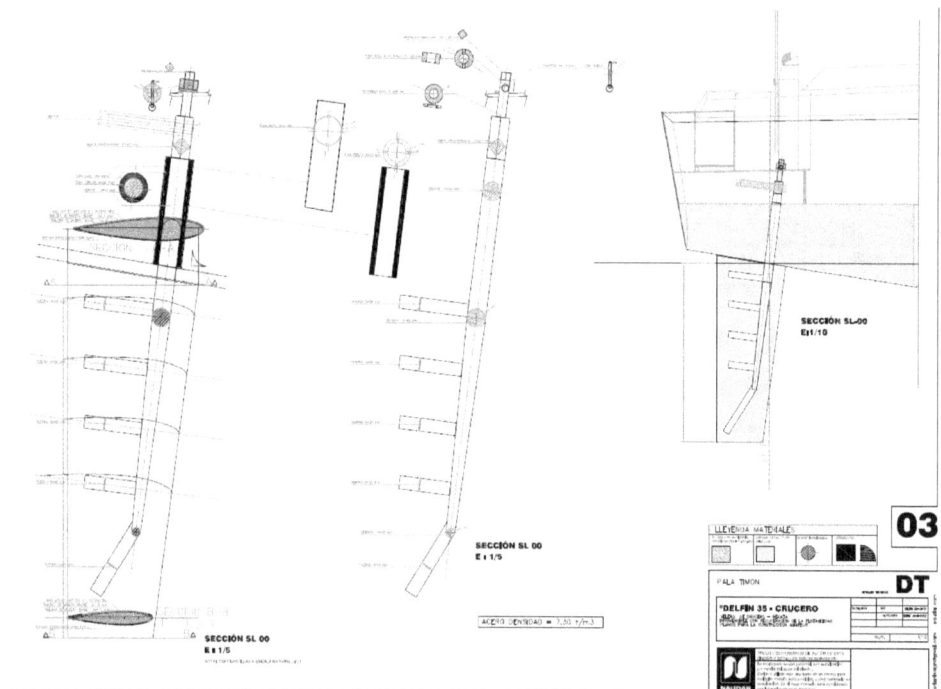

Fig.91.- DT-03

DT-04.- Detalle sujeción obenques.
Fig.92

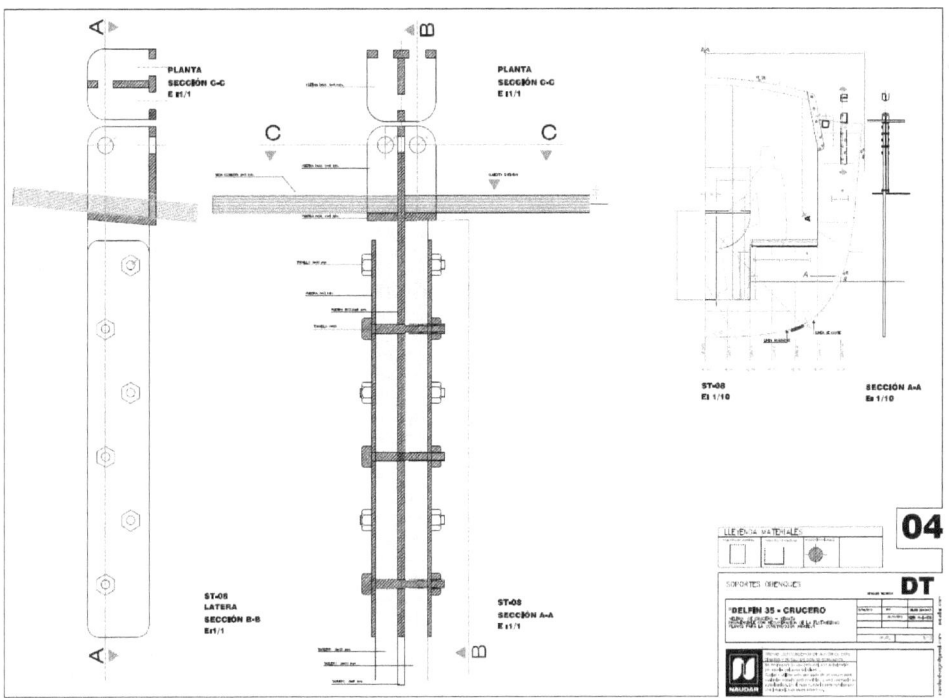

Fig.92.-DT-04

DT-05.- Detalle sujeción estay de popa y proa.
Fig.93

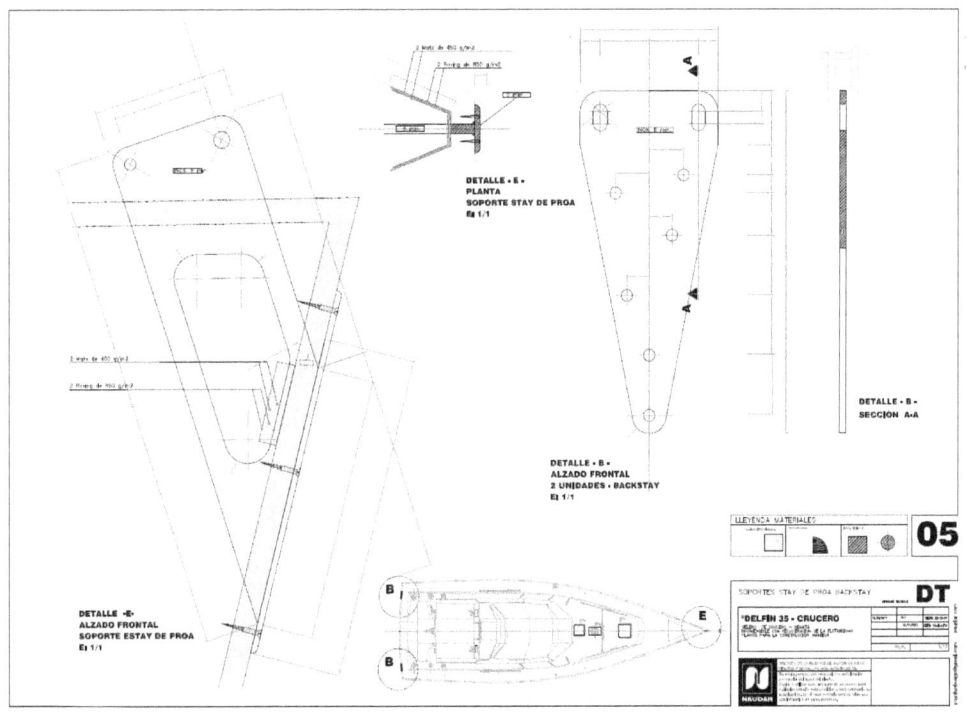

Fig.93.- DT-05

DOCUMENTACIÓN

CARPETA - 4
DOCUMENTACIÓN

CENTROS DE GRAVEDAD.

TABLA 16

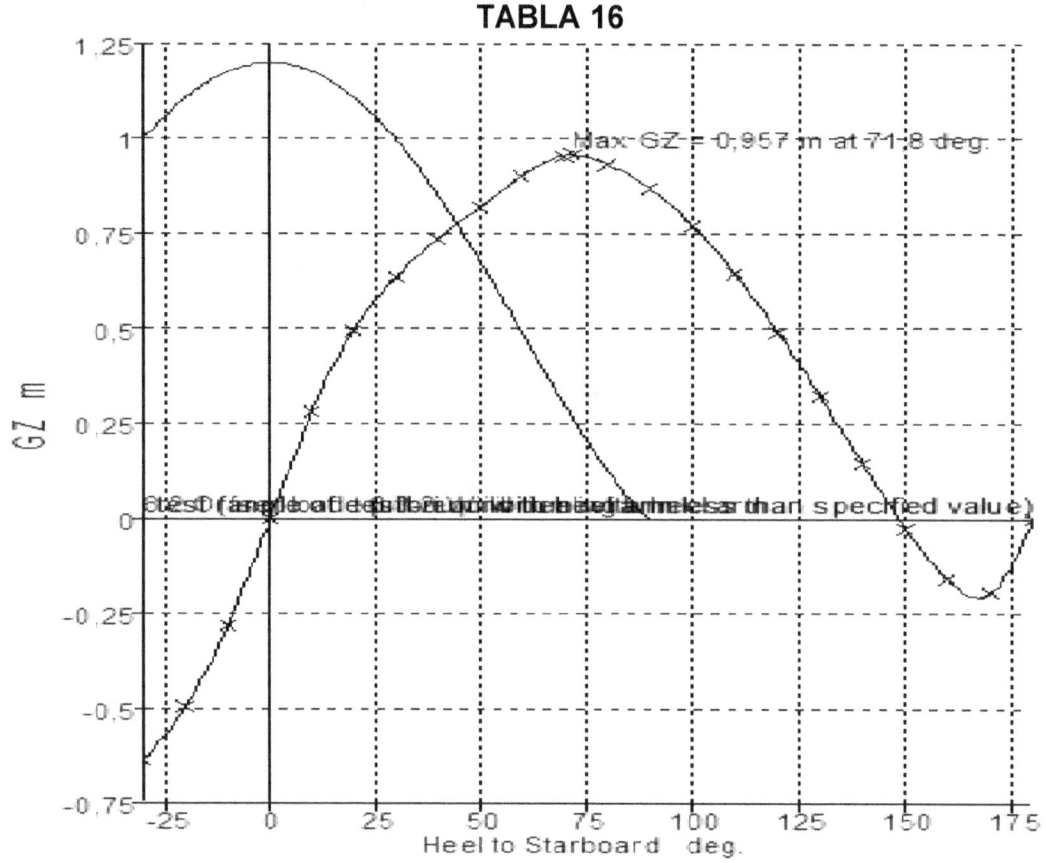

Fig.89.- Escoras - Estabilidad

TABLA 17

Code	Criteria	Value	Units	Actual	Status	Margin %
ISO 12217-2:2002(E)	6.3 Angle of vanishing stability	130,0	deg	148,5	Pass	+14,23
ISO 12217-2:2002(E)	6.4 STIX	32,0	See ISO 12217-2	48,6	Pass	+51,90
ISO 12217-2:2002(E)	6.5 Knockdown-recovery test (angle of vanishing stability in flooded condition)	90,0	deg	148,5	Pass	+64,99
ISO 12217-2:2002(E)	6.6.6 Wind stiffness test (angle of equilibrium with heel arm less than specified value)	45,0	deg	44,5	Pass	+1,17
12217-3: Sailing boats	7.5 Knockdown-recovery test (angle of vanishing stability in flooded condition)	90,0	deg	148,5	Pass	+64,99
12217-3: Sailing boats	7.6.6 Wind stiffness test (angle of equilibrium with heel arm less than specified value)	45,0	deg	44,5	Pass	+1,17
ISO 12217-1:2002(E)	6.2 Offset load test - equilibrium with heel arm	10,0	deg	0,0	Pass	+100,00
ISO 12217-1:2002(E)	6.3.3 Resistance to waves (Value of GZ)	0,200	m	0,637	Pass	+218,50
ISO 12217-1:2002(E)	6.3.3 Resistance to waves (Value of RM)	25000,000	N.m	36832,064	Pass	+47,33
ISO 12217-1:2002(E)	6.4 Heel due to wind action (Categories C and D only)	5,0	deg	0,0	Pass	+100,00

12.-MÉTODO 1

MÉTODO 1
CONSTRUCCIÓN DEL CASCO

MÉTODO 1 – Casco en sándwich con núcleo de madera, consistente en la ejecución de una embarcación de madera, revestida por la parte interior y exterior por una laminación con fibra de vidrio y resinas, exceptuando una franja central del casco que será maciza del estratificado.

Los trabajos a realizar, seguirán los siguientes pasos:

Una vez situados los elementos correspondientes a las secciones transversales **ST**, las uniremos mediante tableros longitudinales **SL**, que mantengan las distancias entre los tableros **ST**.Fig.94

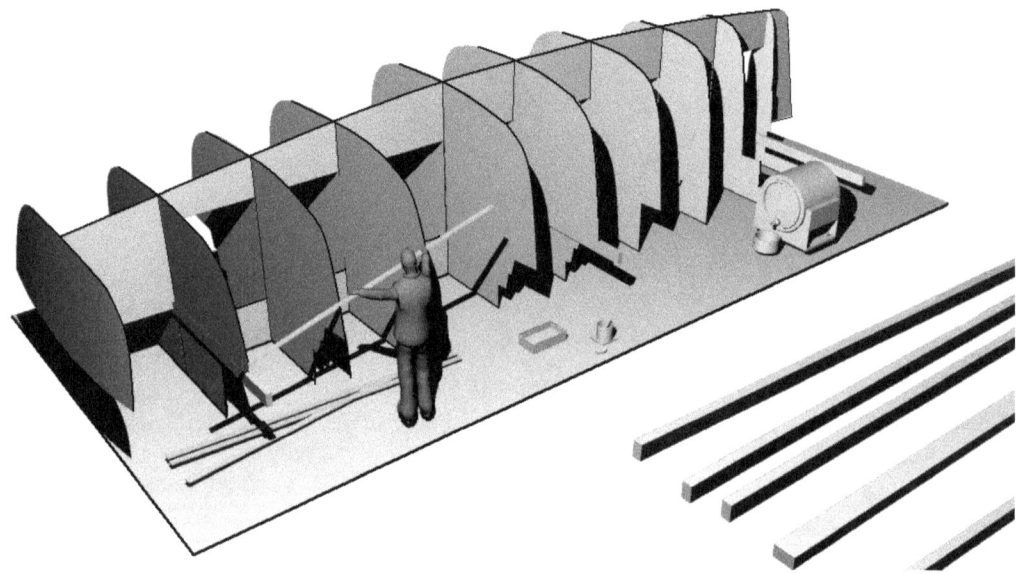

Fig.94.- Situación de las secciones.

Antes de la colocación de los listones para la formación del casco, protegeremos los perímetros de las secciones transversales con celofán o cinta adhesiva, para evitar que el pegamento y resinas empleadas en la laminación del casco, pudieran tener contacto con las secciones transversales. Si esto sucediera crearía un gran problema para la extracción del casco.Fig.95

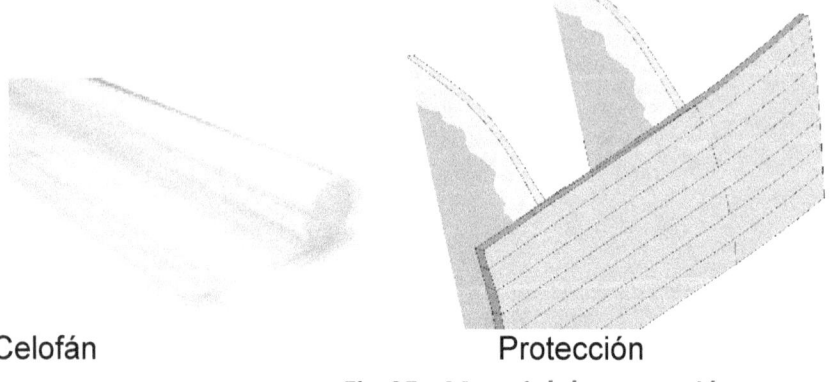

Celofán　　　　　　　　　Protección
Fig.95.- Material de protección

Para facilitar una sujeción de los listones, que permita poderla quitar una vez queden unidos estos, podemos utilizar piezas hechas de tablero, en forma de L colocadas mediante pinzas, tornillos o sargentos, tal como se refleja en la imagen.Fig.96

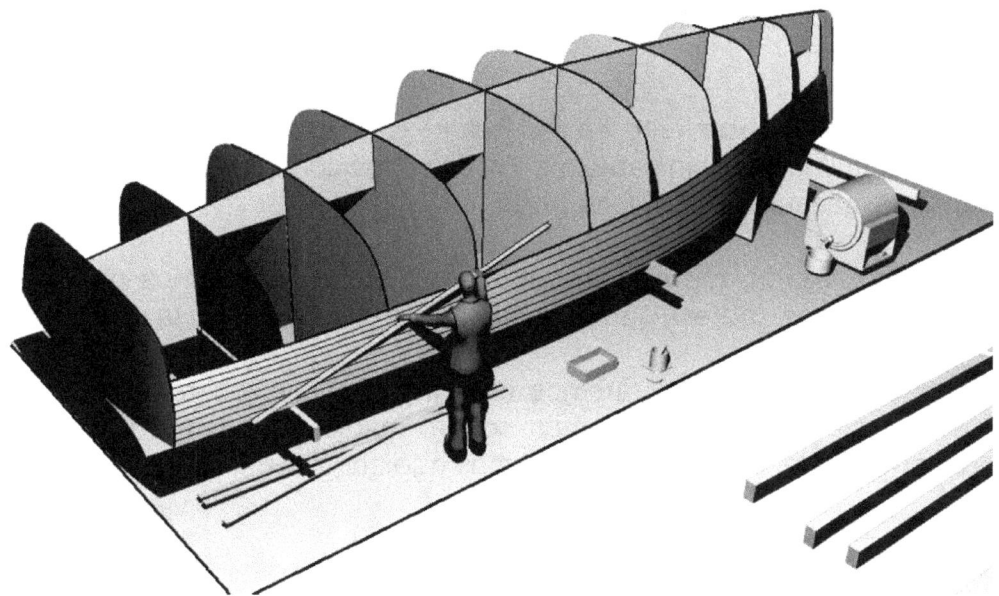

Fig.96.- Colocación de listones casco.

Proceso de sujeción de los listones. Sujeción mediante tornillo, que se sacara una vez este fijo el listón con los otros. Fig.97

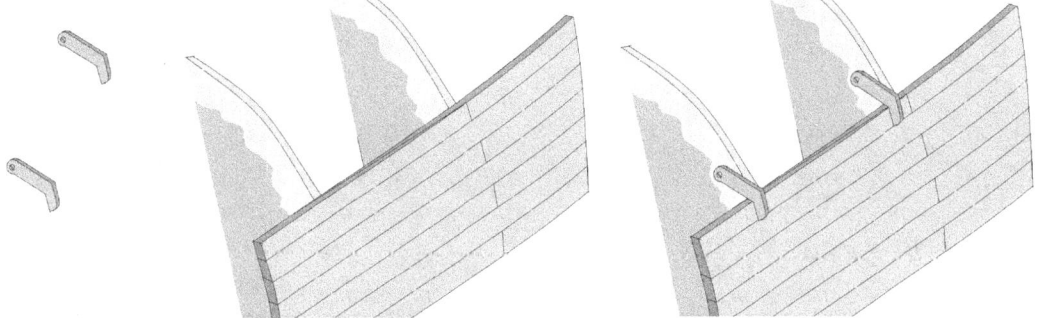

Fig.97.- Sujeción con tornillos.

Colocación de pinzas o sargentos en substitución de los tornillos. Fig.98

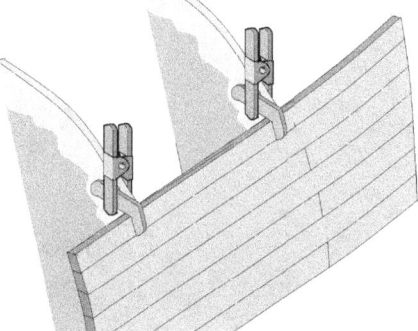

Fig.98.- Sujeción con pinzas.

Los tableros los iremos uniendo, mediante la aplicación de colas a todo lo largo de la superficie de unión.

Las colas a utilizar pueden ser: Cola blanca de carpintero, Colas de contacto o bien siliconas.

Durante el endurecimiento de las colas, podemos clavar en los listones que vamos a unir, clavos sin cabeza en varias direcciones, para que presionen a los listones y aseguren una buena unión.

Los clavos tienen que ser sin cabeza o bien se la tenemos que quitar, para evitar que estos sobresalgan de la superficie, perjudicando la unión.

Al clavar los clavos utilizaremos un punzón que colocaremos en el extremo final del clavo y lo golpearemos con el martillo, para que este quede más profundo que la superficie que tenemos que encolar.Fig.99, 100.

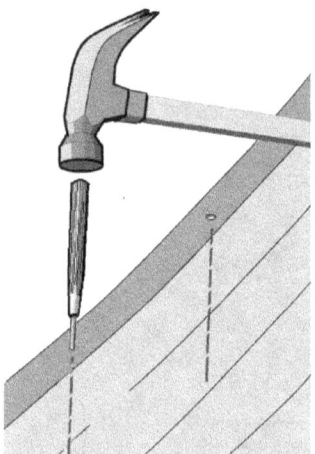 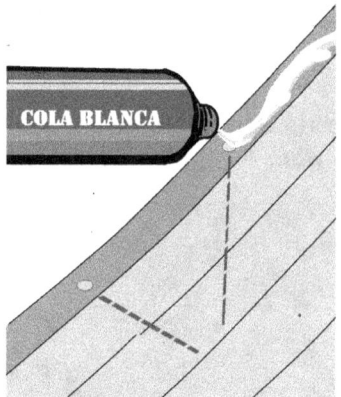

Fig.99.- Clavado de los listones   *Fig.100.- Encolado listones*

La unión de los listones longitudinalmente, lo haremos cortandolos en forma de cuña que encolaremos ambas cuñas.Fig. 101,102, 103.

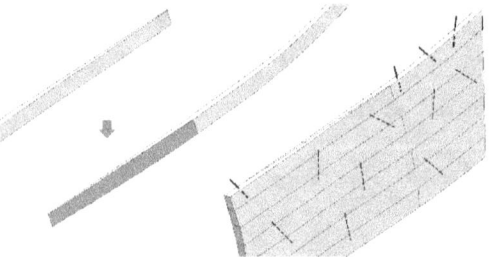 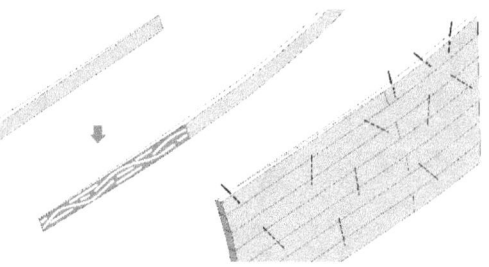

Dos listones en cuña   Encolado de ambas cuñas

Fig. 101.- Unión longitudinal de listones   *Fig. 102.- Unión longitudinal de listones*

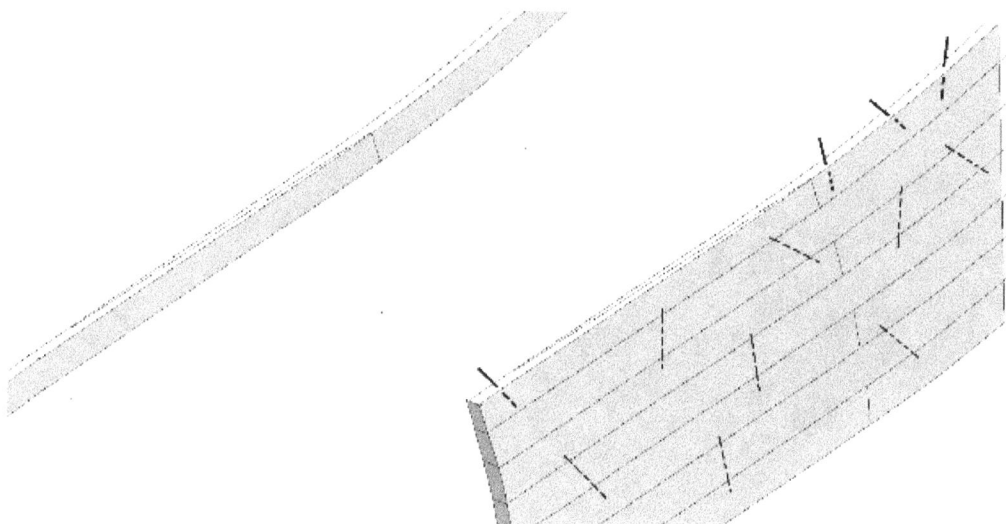

Fig. 103.- Unión longitudinal de listones

Los listones que forman el casco los iremos colocando, tal como se ha indicado anteriormente, fijándolos al espejo de popa y sujetándolos a la última sección transversal de proa.Fig.104

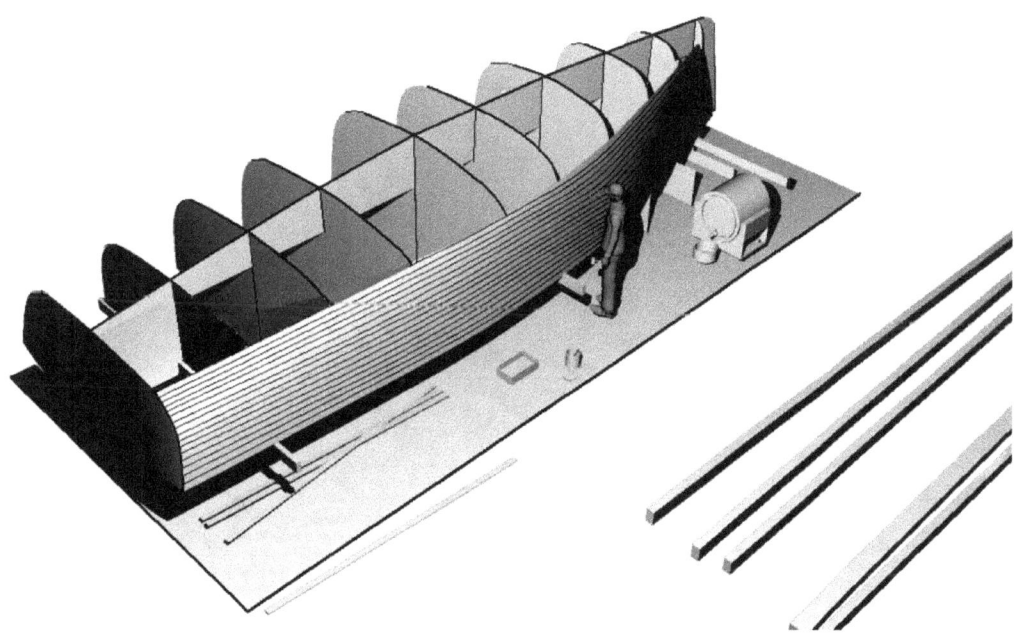

Fig.104.-Colocación de los listones, formación del casco.

Acabadas las dos partes del casco de babor y estribor, que formaran el sándwich, dejaremos longitudinalmente en la parte superior un hueco, que corresponde a la zona maciza de estratificado.Fig.105

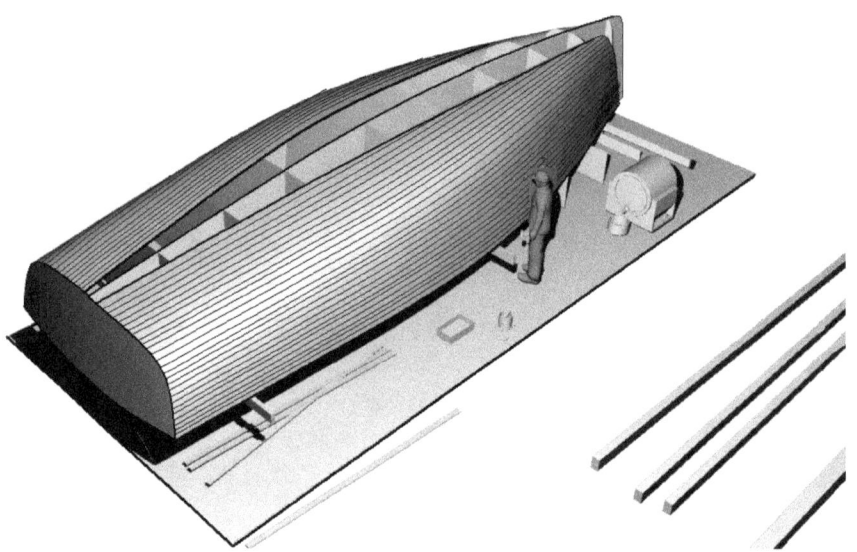

Fig.105.- Hueco en la parte superior, para macizado de estratificado.

Mediante un tablero de espesor de **3** a **4** mm, o bien mediante láminas de madera de **1** mm., o poliéster de **1,2** mm, nos servirán de base para colocar las capas de laminado en la zona central.

Recortaremos el tablero para cubrir la zona hueca que hemos dejado y la zona de la proa.Fig.106

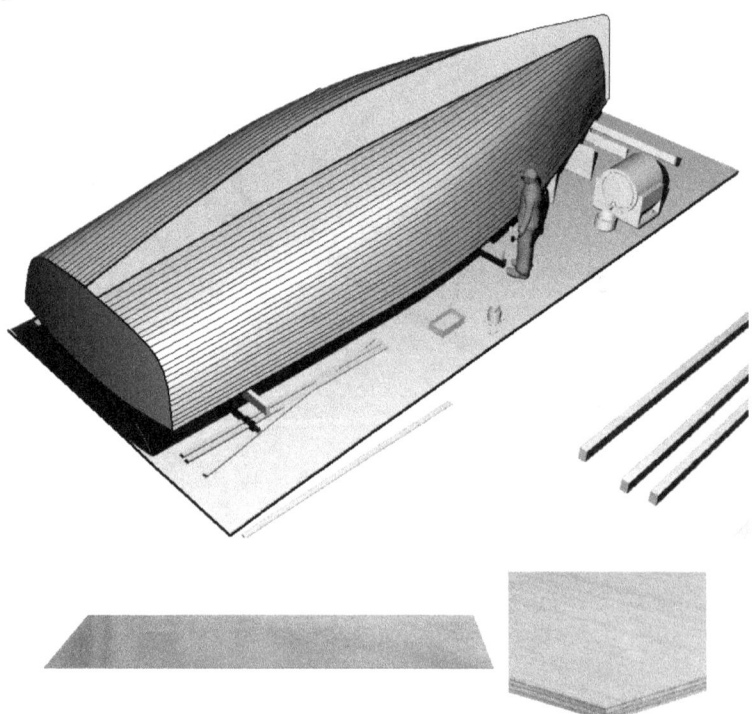

Fig.106.-Tablero para tapar el hueco o bien con una lámina de poliéster.

Cubierta la zona central la cubriremos con cinta adhesiva de la casa "Tesa" o similar, si lo hemos hecho con madera, si por el contrario lo hacemos con una lámina de poliéster, no será necesario y podremos laminar directamente sobre ella. .Fig.107

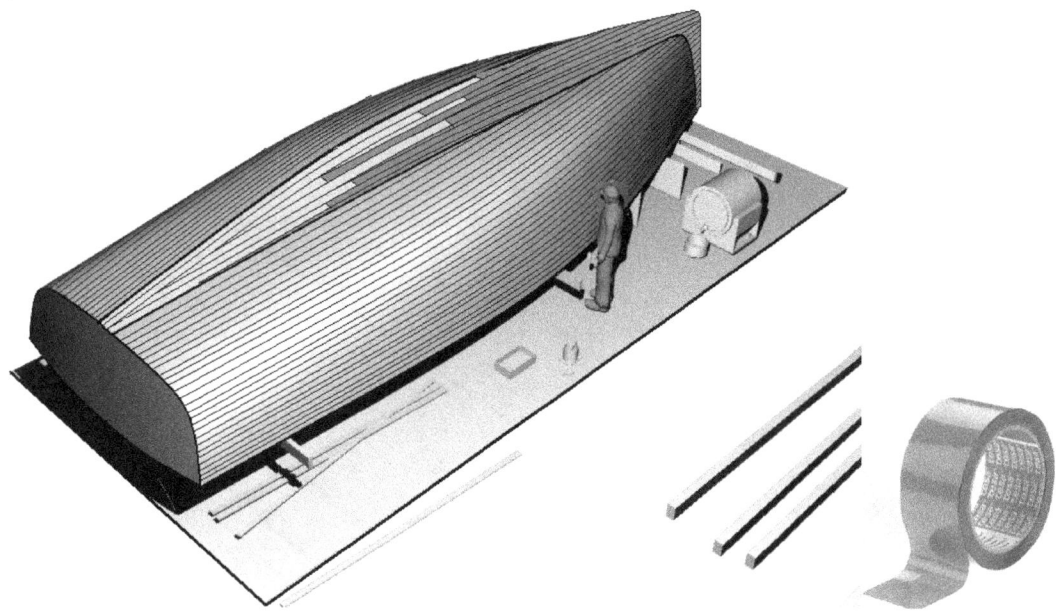

Fig.107.- Cinta adhesiva – Tipo "TESA" o similar

La cinta adhesiva tiene la misión de cubrir en su totalidad al tablero de **4** mm, de espesor, de tal forma que evite el contacto de las resinas con este cuando laminemos.

El tablero lo fijaremos a las secciones transversales **ST**, con el fin de que al extraer el casco se quede este cogido a las secciones.Fig.108

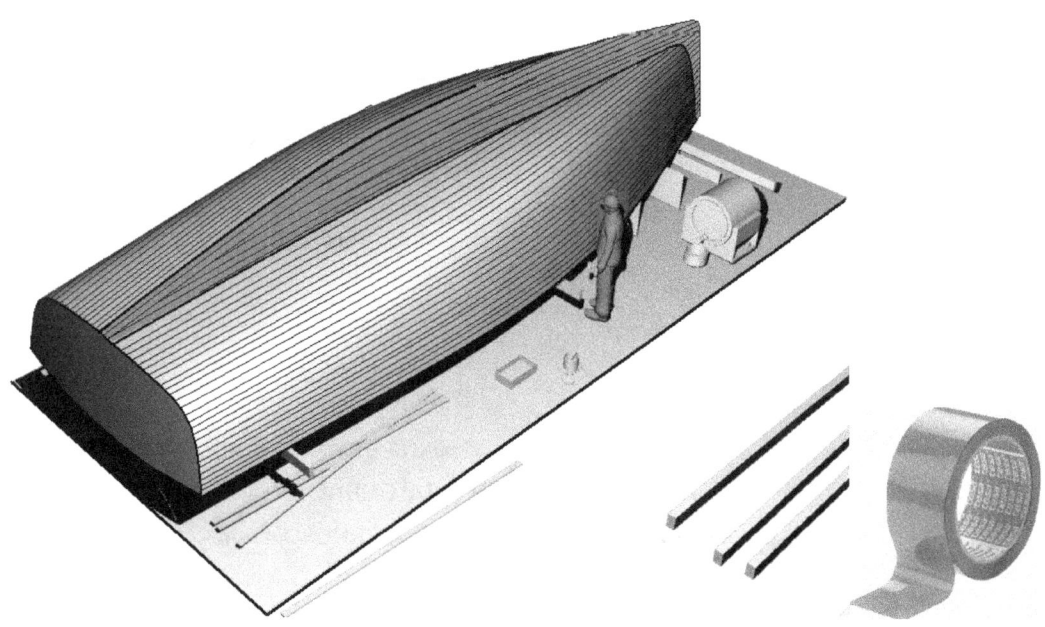

Fig.108.- Cubrición de la zona central, con cinta adhesiva.

El siguiente paso sería el encerado de toda la superficie cubierta por la cinta, evitando encerar los bordes laterales de los listones que forman el casco y que nos interesa que las capas de laminación del estratificado, queden bién adheridas a estos. Ver detalle (A), de la figura. Fig.109

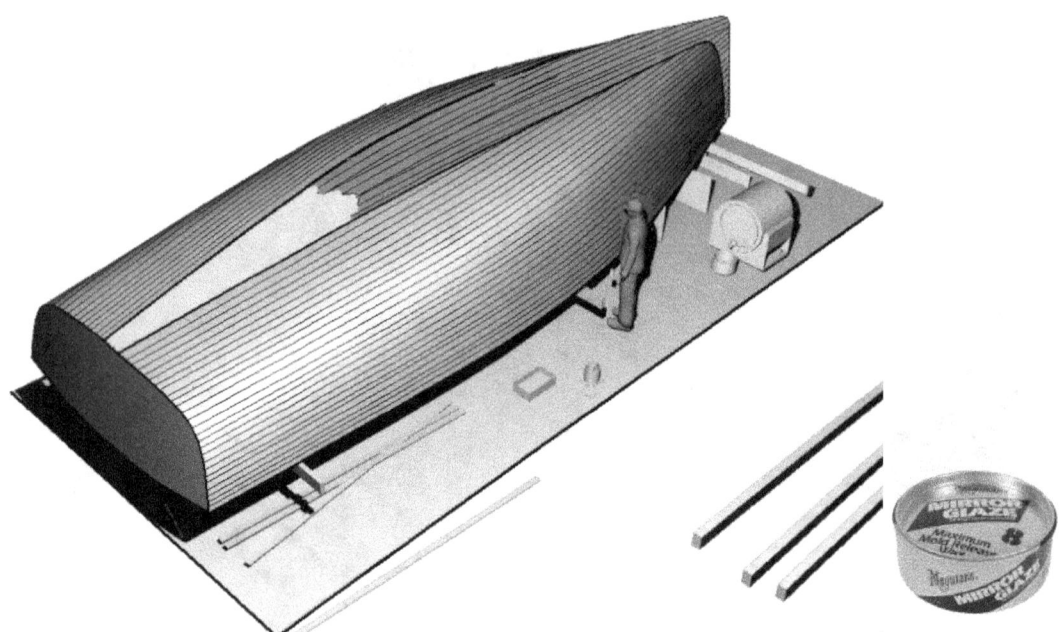

Fig.109.- Encerado de las zonas cubiertas con cintas

ENCERADO

En el supuesto que hubiéramos encerado parte de los listones que deben tener contacto con el estratificado, lo solucionaremos, lijando estas partes previamente a las laminaciones. Fig.110

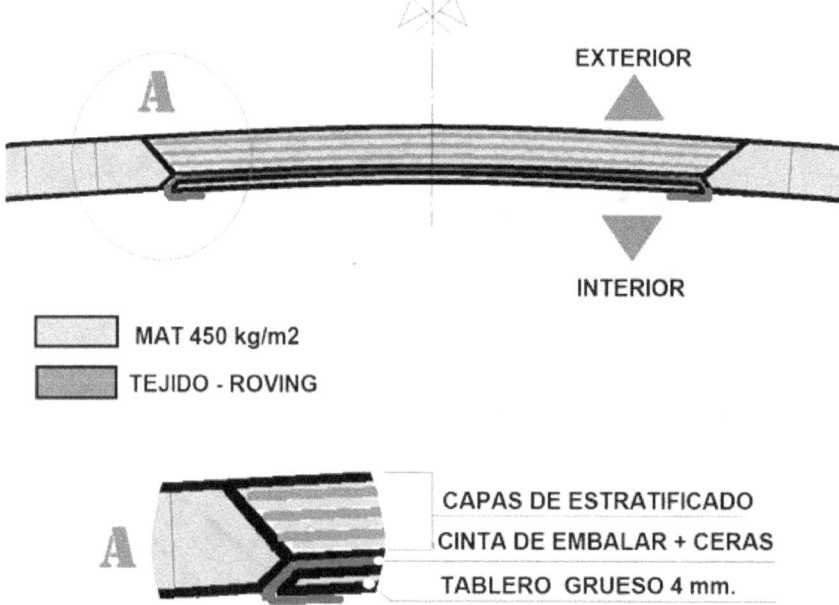

Fig.110.-Detalle del estratificado central.

Una vez colocada la cinta de embalar, procederemos a colocar las capas de cera que nos permitan extraer el casco de las secciones y de la base de madera pretensada de **4** mm, que hemos colocado en la parte central del casco longitudinalmente, que la rellenaremos con varias capas, formando un elemento macizo de estratificado.

La cera a utilizar sería del tipo "**MIRROR GLAZE**", o similar.

Aplicaremos unas **7** capas, procediendo de la siguiente manera:

1.- Aplicaremos una capa de cera, untando un trapo en el bote y extendiéndolo por toda la superficie.

2.- Con un nuevo trapo **100**% algodón, volveremos a pasarlo.

3.- Esperaremos de **30** a **60** minutos para aplicar la siguiente capa

4.- El procedimiento es el mismo, cogeremos dos trapos uno será para aplicar la cera y el otro completamente limpio, lo utilizaremos para pasarlo por la superficie encerada, como si la estuviéramos limpiando.

5.- Colocada la cinta adhesiva sobre la parte central del casco, aplicaremos 6 manos de cera, también podemos aplicar a mano con una esponja, sobre la superficie encerada, una pequeña cantidad de alcohol polivinílico, una vez seco formará una fina película desmoldeante.

Advertencias:

Si por el uso prolongado de las ceras, se sintiera mal o tuviera problemas respiratorios, vaya a un sitio ventilado y consulte a un especialista.

Se aconseja utilizar guantes, mascarilla y gafas cerradas, pero si hubiera tenido un contacto con la piel o los ojos, aplique abundante agua y busque a un especialista.Fig.111

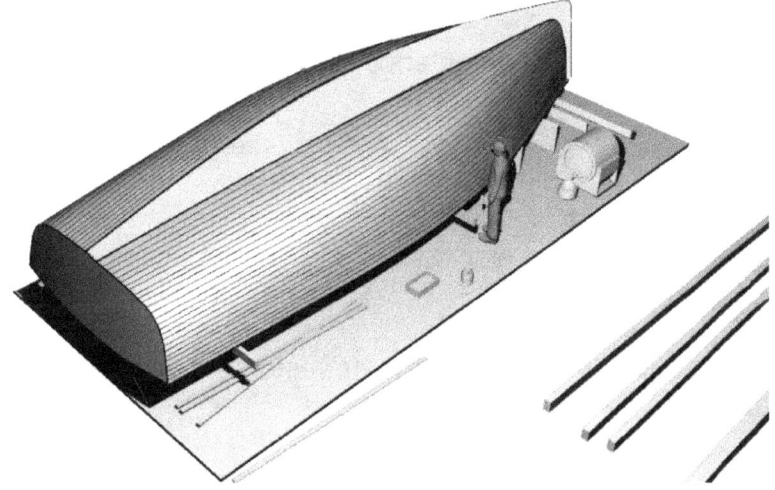

Fig.111.- Encerado de la zona central.

LAMINADO ZONA CENTRAL

La resina junto al material de refuerzo formado por la fibra de vidrio, kevlar, carbono, etc, formaran los elementos que le dan las propiedades resistentes del material acabado.Fig.112

Refuerzos más comunes:

1.- Mat de distintos espesores de **300, 375, 450, 600** gr/m2.
2.- Tejidos, de varios gramajes.
3.- Roving, mechas de hilos continuos
4.- Kevlar.
5.-Carbono
6.-Composites

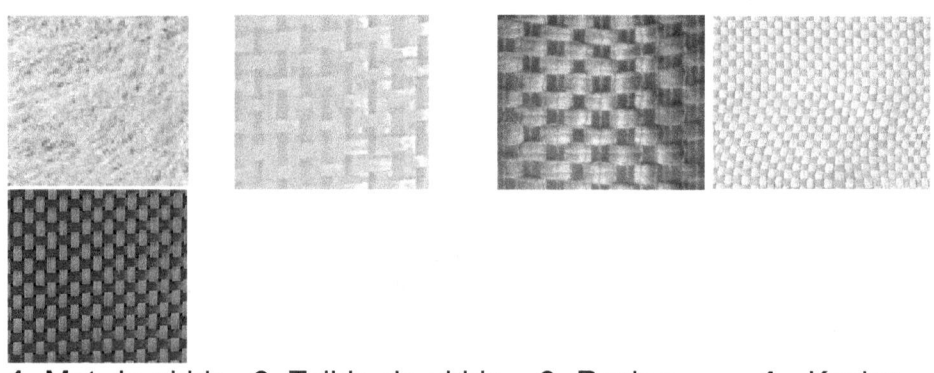

1.-Mat de vidrio   **2**.-Tejido de vidrio   **3**.-Roving   **4**.- Kevlar   **5**.- Carbono

6.- Composites tipo **ROVIMAT** o similar.

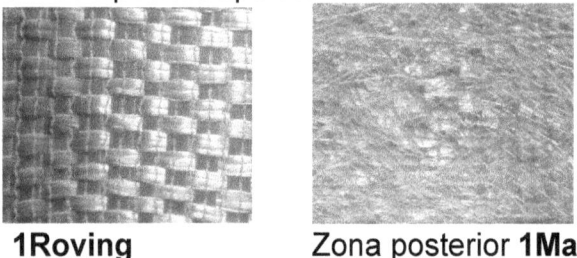

1Roving   Zona posterior **1Mat**

Fig.112.- Materiales para los laminados.

Para reducir tiempo en la ejecución de la embarcación, podemos recurrir a los "**Composites**". Compuestos de 2, 3,…. materiales.

En el caso del "**ROVIMAT**" es un compuesto de **1 Roving + 1 Mat**, unidos que forman una capa, facilitando su aplicación.

El consumo de resinas se determina en función del refuerzo empleado de fibras, podríamos estimar que para impregnar **1** Kg. de **Mat** necesitaríamos **2,5** Kgr. de resina,

Para **1** kgr. de tejido, necesitaremos **1** Kgr. de resina.

Estas relaciones nos permitirán hacer una estimación de la cantidad de resina necesaria para hacer una embarcación, partiendo de los metrajes de las fibras a colocar.

Encerada la superficie central, colocaremos un "**Mat 450**" y posteriormente haremos lo mismo con un "**Roving**". Estos dos refuerzos juntos los llamaremos **CAPA**.

El procedimiento para la colocación sería:

1.- Colocamos la tela del "**MAT 450**", sobre el espacio que la vamos a colocarla, la presentamos para ver la superficie necesaria a cubrir y procedemos a recortarla con unas tijeras o un cúter, dándole la forma que necesitamos cubrir. Fig.113,114,115

Fig.113.- Elementos de corte.

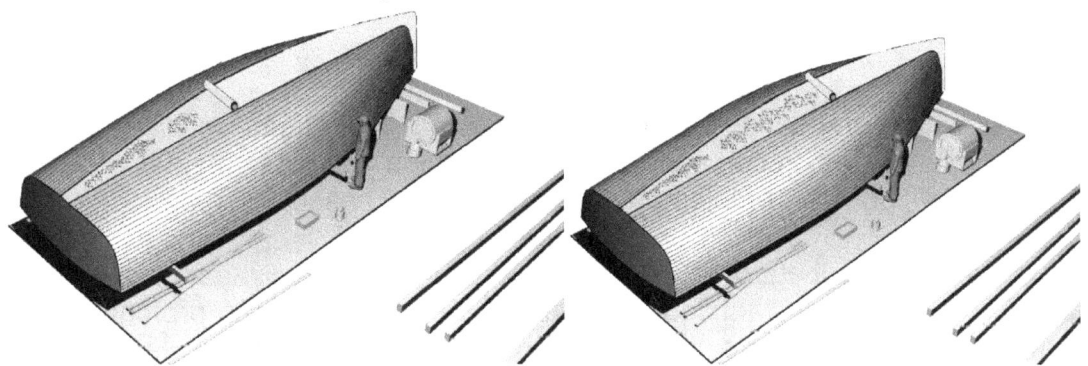

Fig.114.- Laminaciones zona central maciza.

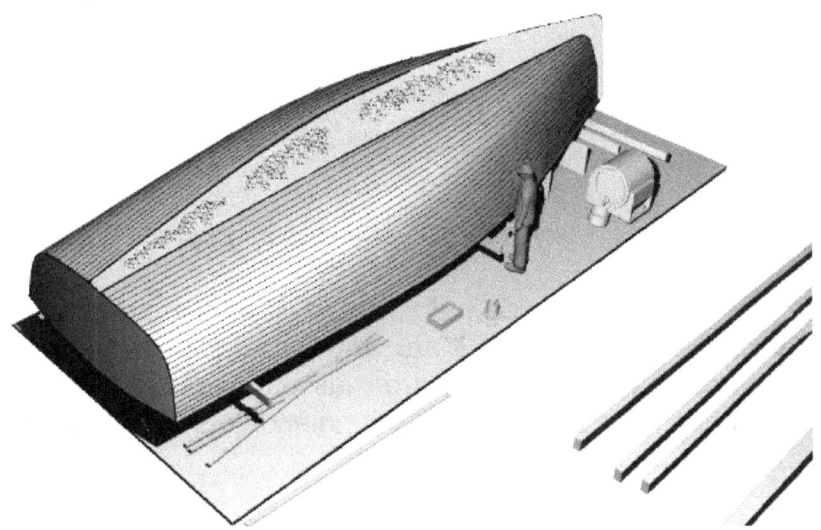

Fig.115.- Acabado de la laminación central.

2.- Facilita el trabajo si la pieza de "**Mat 450**", una vez cortada, la impregnamos con resinas previamente en una mesa de trabajo, llevándola impregnada a la zona a tratar para colocarla.Fig.116

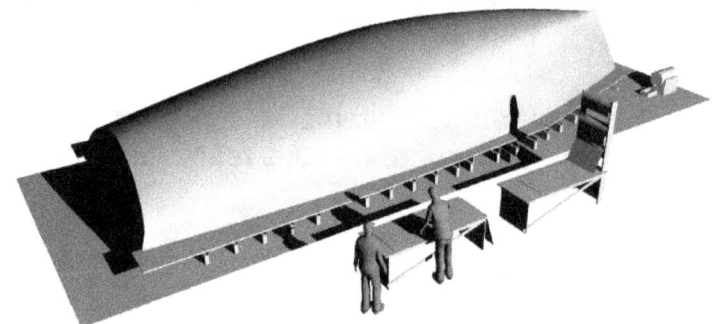

Fig.116.- Impregnación de resinas anterior a la colocación.

3.- Las resinas que deberían venir de fábrica aceleradas, para simplificar el trabajo, que solo le tengamos que añadir el catalizador, recomendado por la casa distribuidora, en la proporción **(%)** indicada según la temperatura ambiental.Fig.117

Fig.117.- Resinas aceleradas de fábrica.

4.- Las resinas deben de ser del tipo "**Resina Isoftálicas**" o bien "**Resina Viniléster**", no es recomendable la utilización de las resinas "**Resina Ortoftálicas**", posibles problemas de Ósmosis en el casco.

Utilizaremos una cubeta para mezclar la resina con el catalizador, con el fin de hacerlo con pequeñas cantidades, la cubeta deberá tener poca profundidad. Si se hiciera en un cubo, se produciría un gran desprendimiento de calor con peligro de incendio.Fig.118

Fig.118.- Cubeta para aplicar las resinas y aplicar el catalizador.

5.- Utilizaremos los rodillos de pelo de lana para la impregnación de las resinas sobre las superficies de los "**Mats 450**", posteriormente lo haremos con el rodillo metálico, para la extracción de las burbujas de aire que hayan podido quedar atrapadas, presionándolo y extendiéndolo sobre las superficies.Fig.119

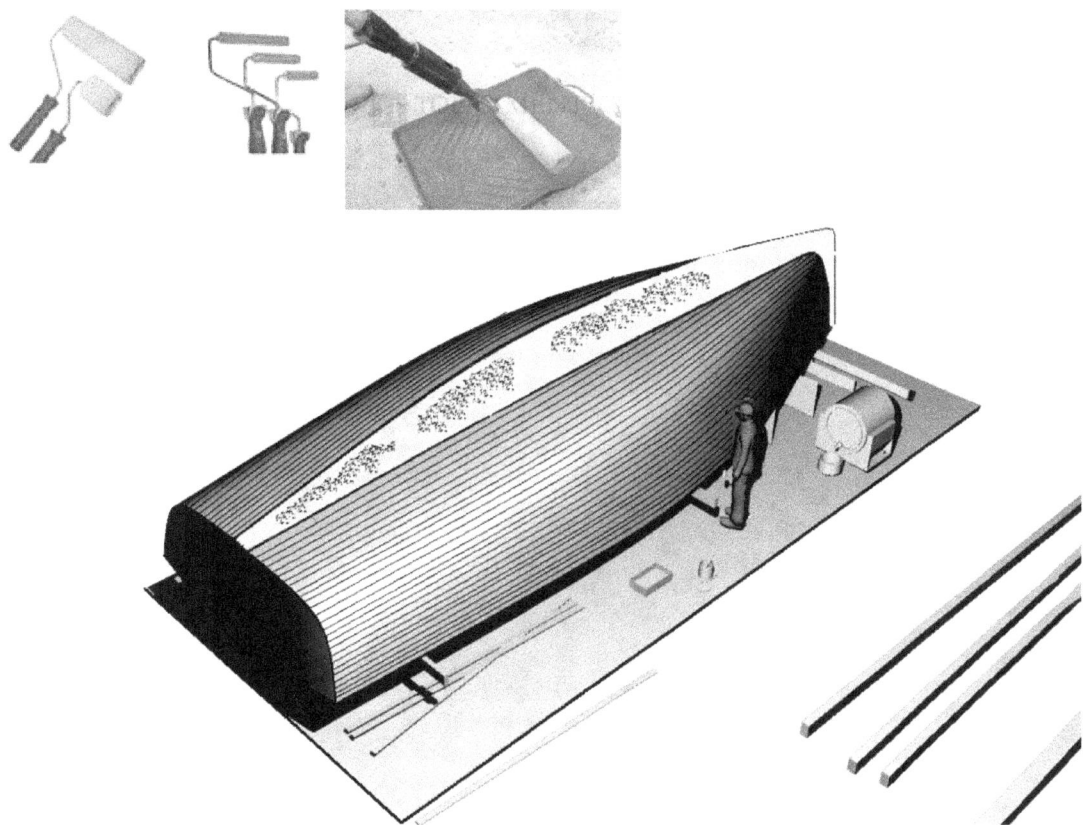

Fig.119.- Materiales para la aplicación de las resinas.

5.- Utilizaremos pelo de fibra de vidrio para tapar huecos en zonas pequeñas y pedazos de la tela en huecos más grandes, aplicándolos con la brocha. Para presionar mejor estas zonas lo haremos con una brocha con el pelo recortado, como mínimo por la mitad.Fig.120

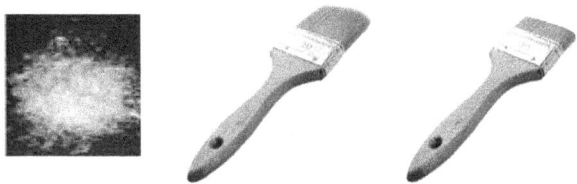

Fig.120.- Pelo recortado de fibra de vidrio.

6.- Colocado el "**MAT 450**", procederemos a la aplicación del "**ROVING**", siguiendo el mismo procedimiento.

Primero lo presentamos directamente sobre el "**MAT 450**", cortamos las partes sobrantes y directamente sin sacarlo del sitio, pasamos a impregnarlo de resinas con los rodillos de lana, seguimos con los rodillos metálicos expulsando las burbujas de aire que pudieran quedar en su interior, comprimiendo y aplanando la superficie. Fig.121

Tejido   **ROVIN**

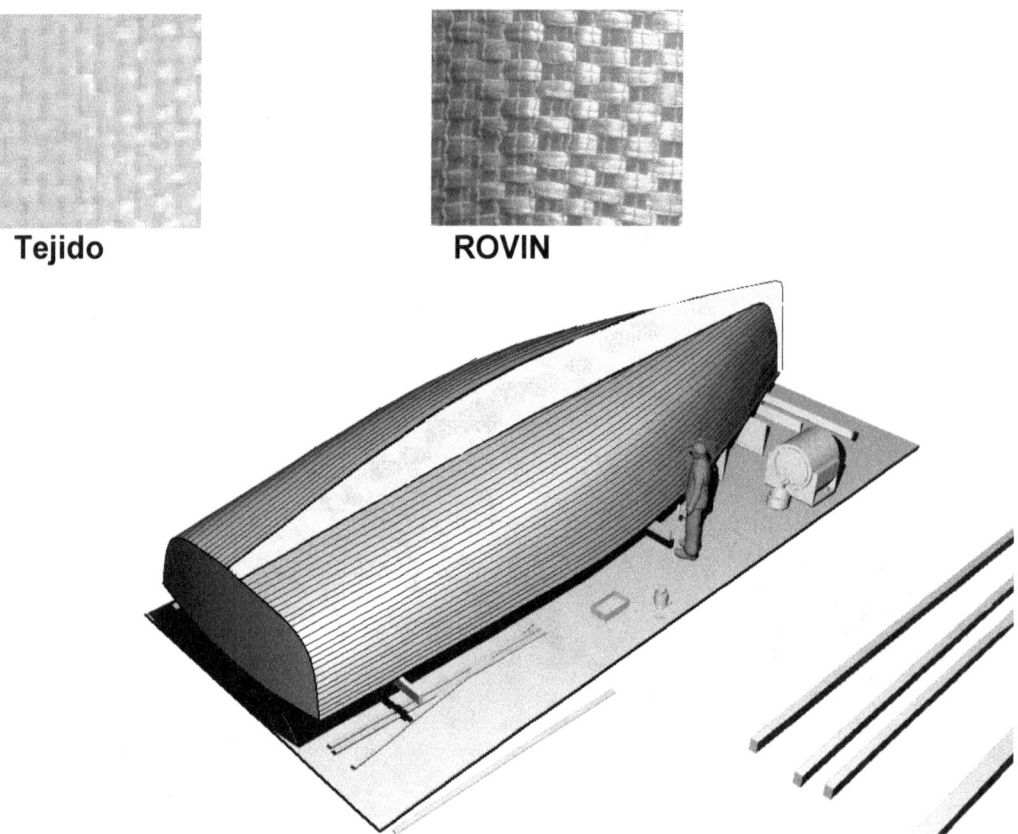

Fig.121.- Aplicación de las capas.

7.- El **Mat 450** más el Tejido o "**Roving**", forman lo que denominaremos una **CAPA**. Conviene no realizar varias capas al mismo tiempo, debido a que puedan crear un grueso excesivo, con gran desprendimiento de calor, digamos que **2** capas formarían un grueso correcto.Fig.122

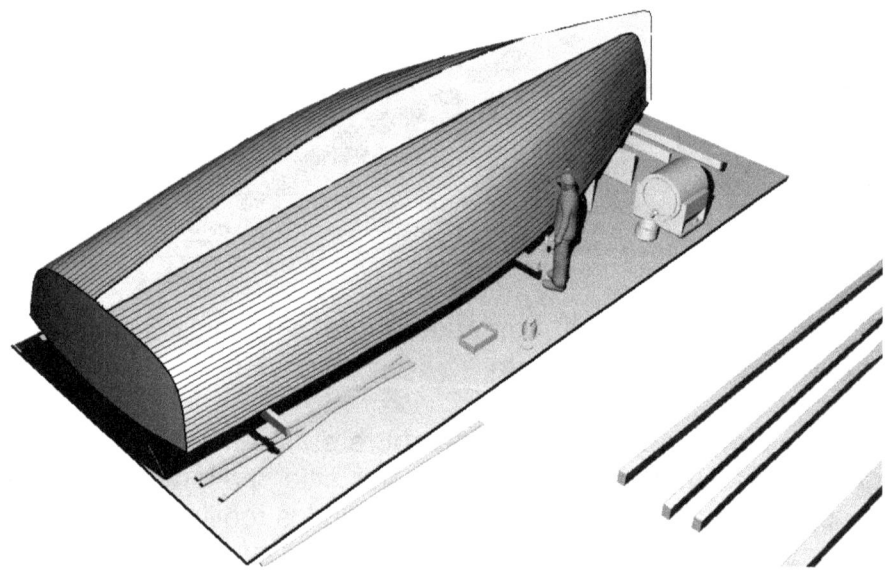

Fig.122.- Estratificado, zona central con varias capas de "Mat y Roving"

8.- Laminadas un par de capas dejaremos un tiempo para que estas polimericen y endurezcan para volver aplicar nuevas capas.

La zona maciza de estratificado descrita, en la que apreciamos los listones que formaran el núcleo del casco y en la parte central formada por un tablero de contrachapado de madera con un grueso de **3 a 4** mm, tablero al que hemos recubierto con la cinta adhesiva y con la aplicación de las capas de cera descritas anteriormente.Fig.123

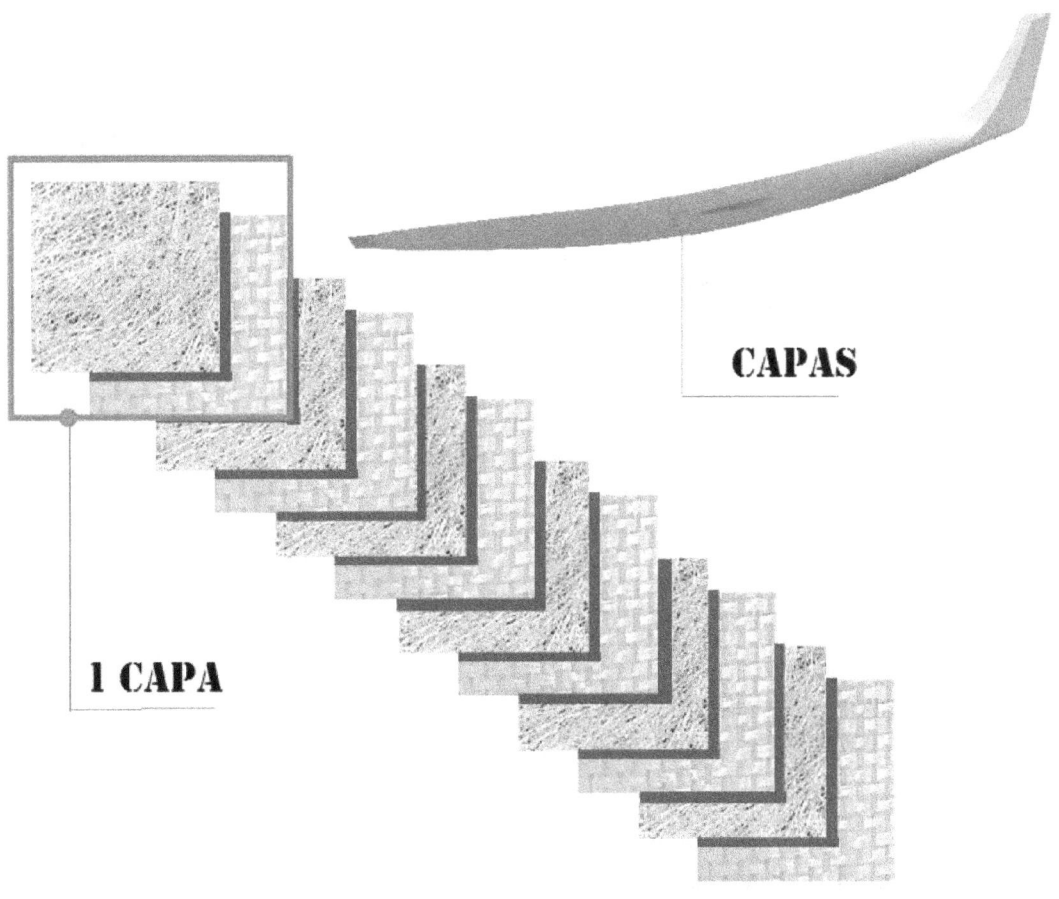

Fig.123.- Capas de la zona maciza.

Una vez giremos el casco y antes de empezar a laminarlo, extraeremos dicha tabla de madera, la cual no tiene que representar ningún problema.

Al aplicar la cinta adhesiva y las ceras, tenemos que cerciorarnos de que ninguna parte de la tabla de madera, tenga contacto con la resina que apliquemos en el estratificado.

ESTRATIFICADO DEL CASCO

Acabado el estratificado central procederemos a realizar las capas previstas, correspondientes a la parte exterior del casco.

Hay que tener en cuenta en los laminados los solapes de las capas en las que distinguiremos dos tipos:
Fig.124

1.- Laminado **MACIZO**, solape **150** mm.
2.- Laminado en **SANDWICH**, solape **80** mm.

Fig.124.- Solapes del estratificado.

El procedimiento para su realización seguirá los pasos indicados anteriormente, utilizando los mismos materiales y herramientas. Fig.125

Fig.125.- Materiales y herramientas

Al realizar las laminaciones de las capas previstas, pasaremos las telas de **Mat 450** y las de **Roving**, a unos **45°** del eje longitudinal de la embarcación, colocándolas de una parte a otra por encima del casco tal como se aprecia en el dibujo.

El motivo de dicha colocación es evitar que puedan desprenderse durante su laminación. Esto podría pasar si las colocáramos longitudinalmente, colocación destinada a personas con una cierta experiencia en estos trabajos.

Si colocamos la manta de **Mat 450** a **45°** del eje central, la colocación del **Roving** será en sentido contrario, es decir a **- 45°**.Fig.125, 126.

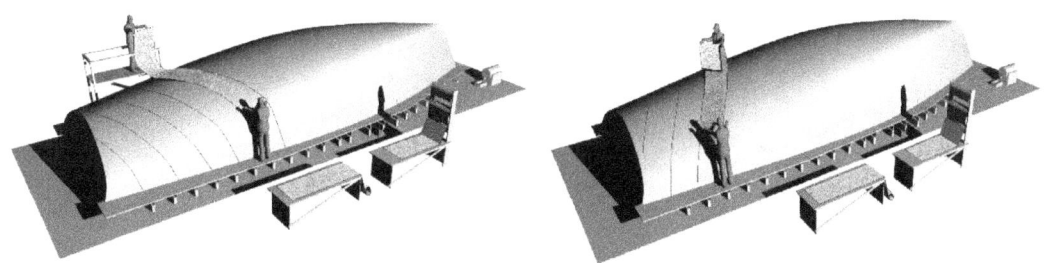

Fig.125.- Colocación las fibras a 45º *Fig.126.-Colocación de las fibras a -45º*

En la sección de la zona maciza de estratificado y laterales descritos, en la que apreciamos los listones que formaran el núcleo del casco y en la parte central formada por un tablero de contrachapado de madera con un grueso de **3 a 4** mm, tablero al que hemos recubierto con la cinta adhesiva y con la aplicación de las capas de cera descritas anteriormente.Fig.127

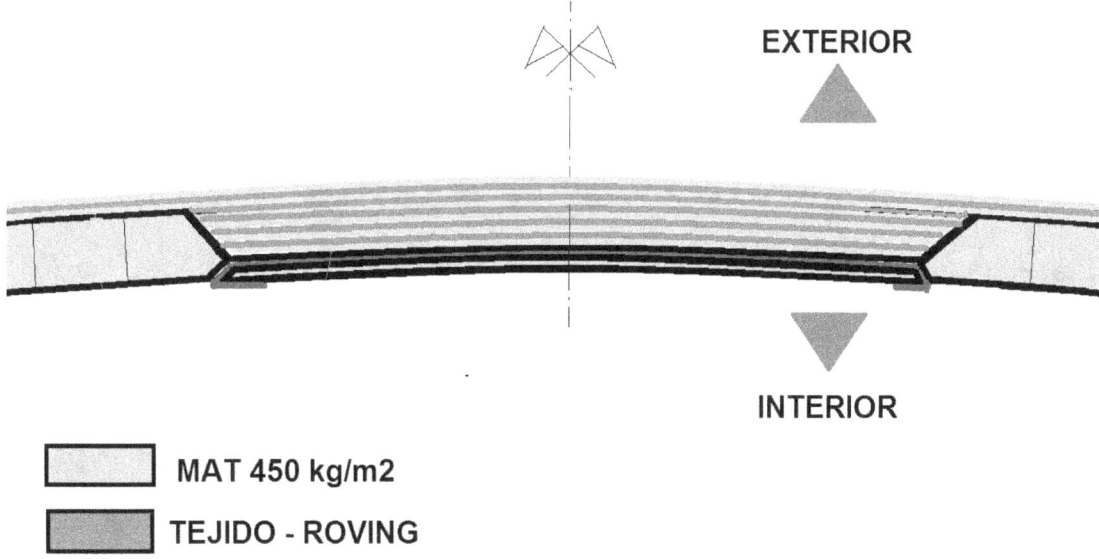

Fig.127.- Detalle sección de la zona central y exteriores del casco terminados.

Una vez acabemos las capas previstas indicadas en los planos ejecutivos, colocaremos una última capa de **Mat 300**, antes de aplicar el **Gel-Coat**, de acabado.

Acabadas las laminaciones y repasadas las zonas que pudieran tener defectos en la superficie del casco, las cuales rellenaremos o lijaremos para darle una continuidad a la superficie del casco. Seguidamente aplicaremos un **gel-coat**, que es básicamente una resina tixotrópica que contiene pigmentación para dar el color al casco, tapando las fibras formando una capa de unos **0,5** mm.Fig.128

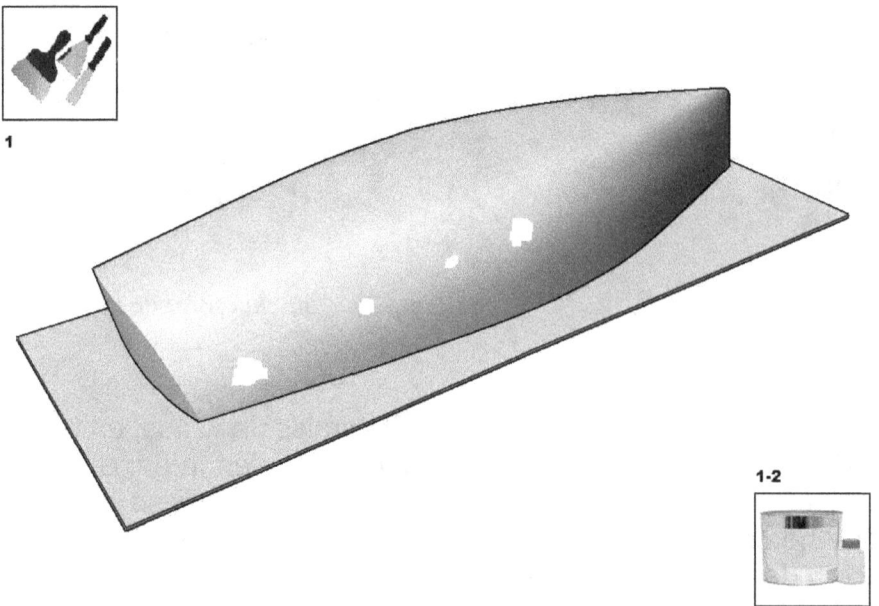

Fig.128.- Repasos con masilla de poliéster aplicado con espátula.

Para el **gel-coat** endurezca utilizaremos un catalizador que estará en la proporción entre **1,5 %** y **2 %**, proporción que recomendará el fabricante, indicando cual es la proporción aconsejable según la temperatura en el lugar de trabajo.

El acelerador se recomienda que se añada durante el proceso de fabricación, para disponer de las resinas en el momento de utilizarlas ya aceleradas y mezcladas correctamente por el fabricante.

Una vez endurecido el **gel-coat** que se producirá aproximadamente en unos **60** minutos, lijaremos el casco mediante una pulidora lijadora, añadiendo la pasta correspondiente para el lijado y pulido.Fig.129

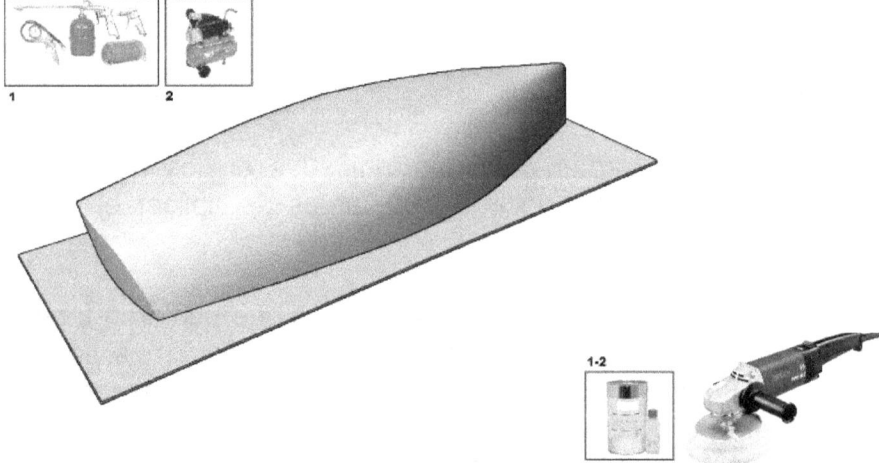

Fig.129.- Pintado con gel-coat y posteriormente pulido del casco.

Para pode extraer el casco que hemos realizado, situaremos tres tablones transversalmente, indicados con flechas blancas, habiendo sacado los tableros de las secciones longitudinales que pudieran estar en los tramos donde situamos los tablones.

Si hubiera alguna sección longitudinal, que sirviera de unión con las secciones transversales donde estuvieran emplazados los tablones, estas se tienen que cortar para que no impidan la extracción del casco. Fig.130.

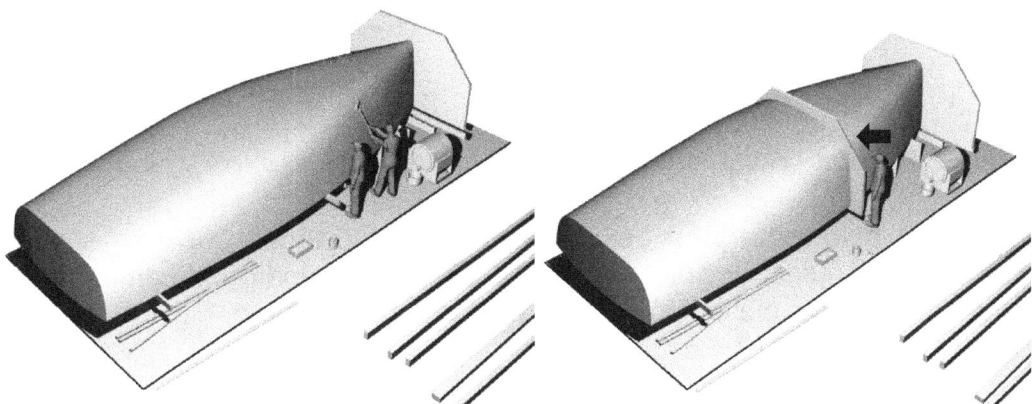

Fig.130.- Colocación de los soportes

Cortaremos unos tableros de **20** mm, de grosor, que les daremos la forma indicada en el dibujo. Las dos zonas laterales de los tableros las cortaremos a **45°**.

Los tres tableros tienen que ser iguales con los laterales cortados a la misma distancia, lo único que cambiaría sería las partes cortadas, siguiendo las curvas de las secciones del casco. Fig.131.

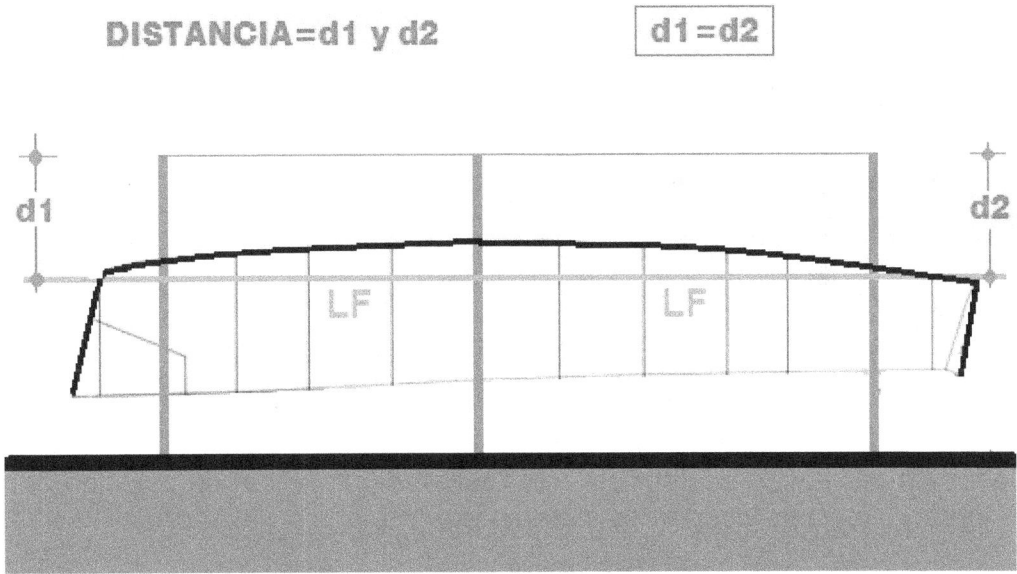

Fig.131.- Igualdad de distancias de los 3 soportes.

Estos tableros cuando se giren **180°**, mantienen la línea de flotación **LF** de la embarcación paralela al suelo **d1=d2**.Fig.132

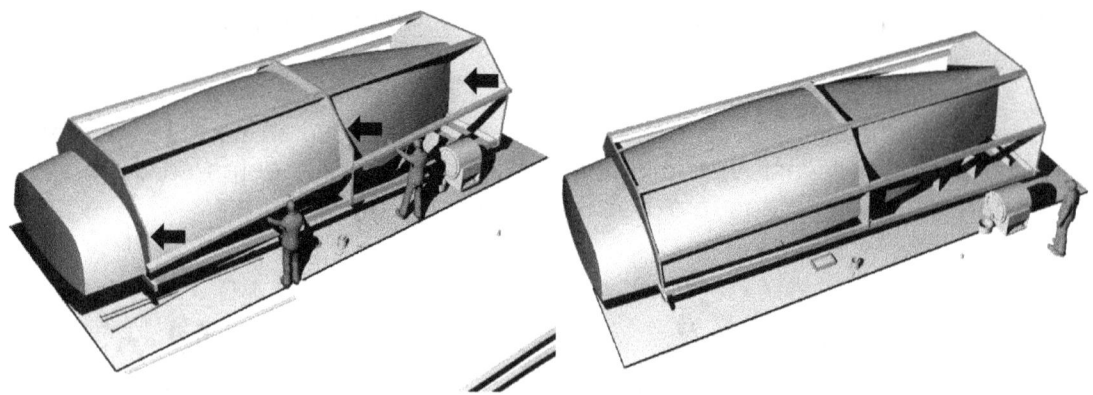

Fig.132.- Soportes del casco, sujetos con tablones por la parte inferior.

Para proceder a la extracción del casco, de las secciones que han servido como base para la construcción del mismo, utilizaremos una grúa, camión grúa, que tenga la suficiente elevación para la realización del trabajo. Fig.133

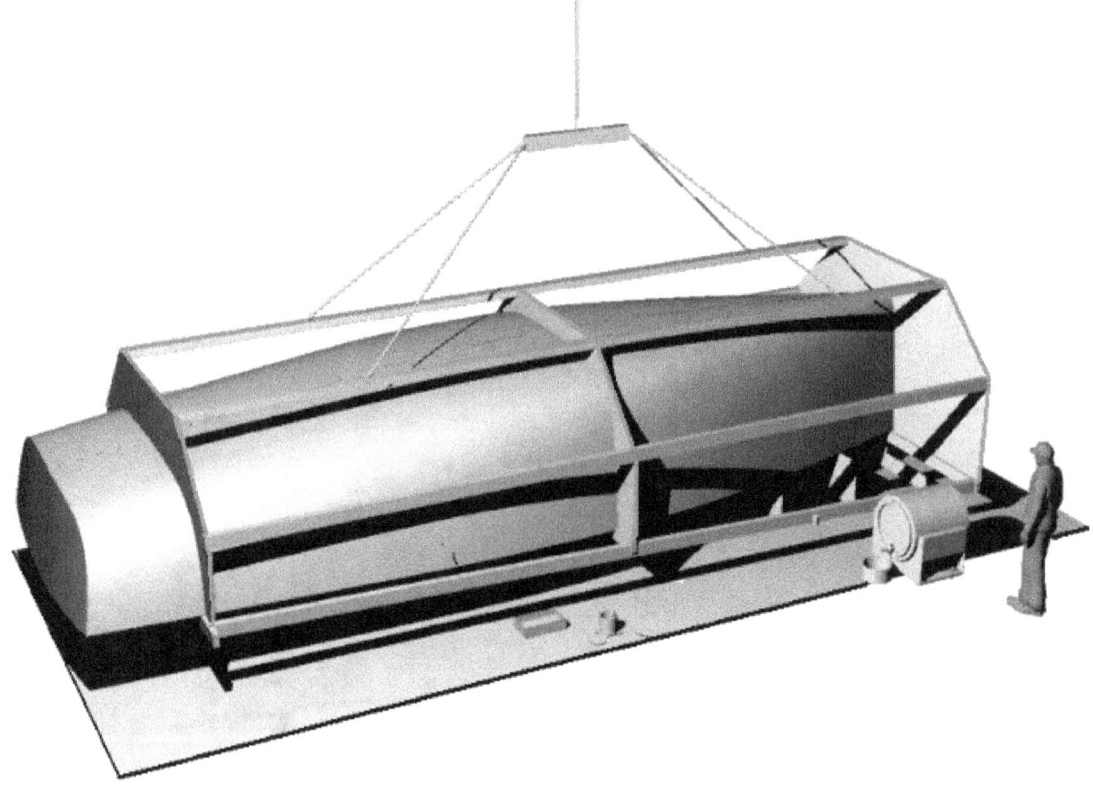

Fig.133.-Extracción del casco.

Para poder extraer el casco, al existir tres tablones que sirven de sujeción por la parte inferior, hay que recortar los tableros que impiden su extracción.Fig.134

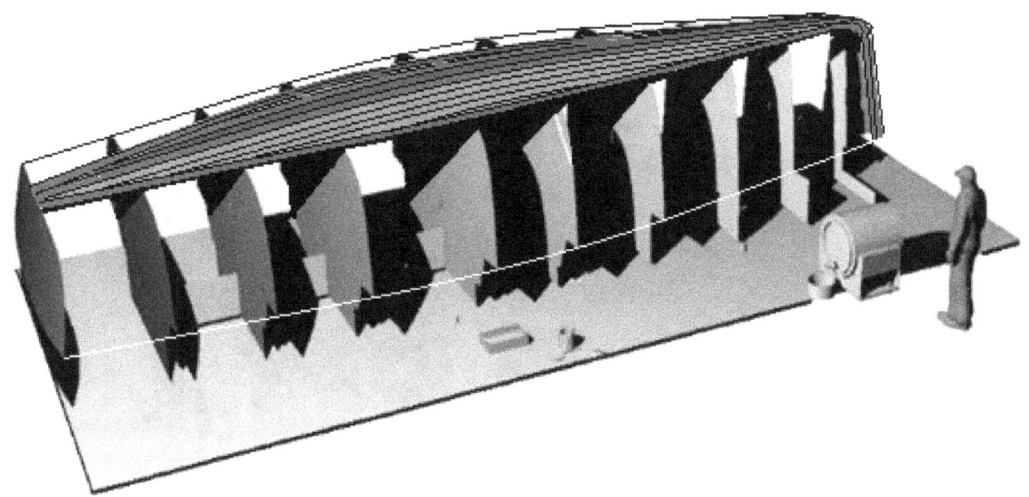

Fig.134.- Situación de los tableros interiores a cortar para hacer la extracción.

Para la extracción del casco, antes tendremos que anular las uniones longitudinales entre secciones transversales en las zonas del tablero, que estén interfiriendo el paso de los tres tablones transversales, colocados y que sujetan las tres bases colocadas en la sujeción del casco. Para realizar estos trabajos levantaremos la embarcación lo suficiente para poder introducirnos en el interior y proceder al corte de los tableros que impiden la extracción del casco. Fig.135

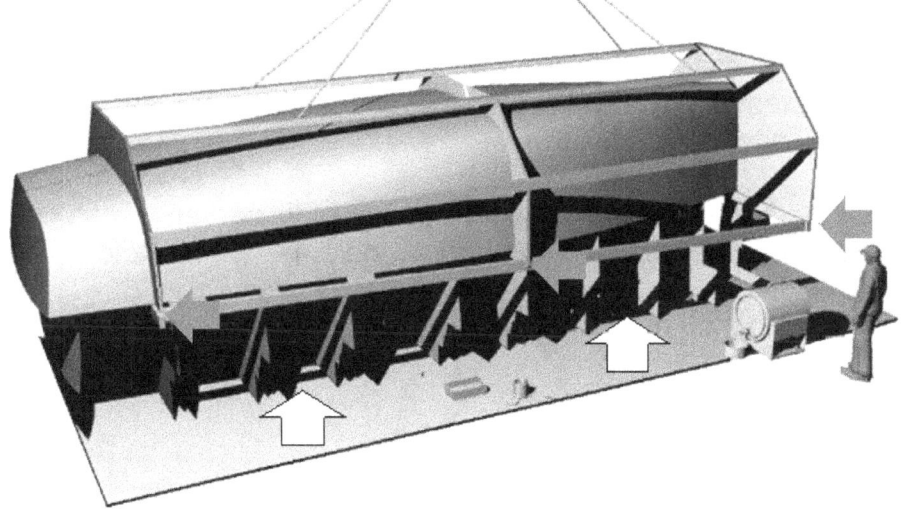

Fig.135.- Flechas blancas, acceso al interior. Flechas rojas tablones transversales.

Una vez hemos recortado los tableros interiores que impedían la extracción del casco, elevamos este para proceder a colocarlo en otro lugar.Fig.136

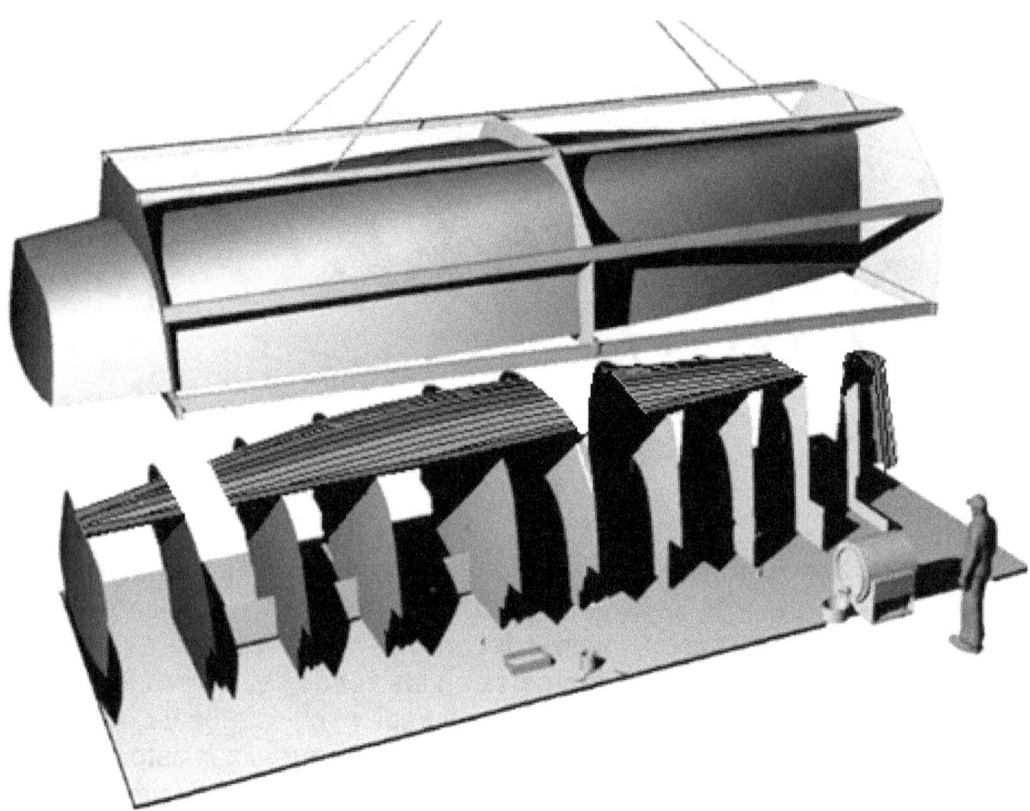

Fig.136.- Zonas cortadas para la extracción del casco.

La extracción del casco tiene que salir dejando sin problemas los tableros centrales, que hemos forrado de cintas de embalar, con aplicación de ceras y una capa de alcohol de desmoldeo.

En el caso de haber puesto una lámina de poliester en sustitución de la madera, en este casco saldá sin ningun problema, ya que dicha lámina ha qudado integr
ada con el laminado del núcleo macizo de la zona central.

LAMINACIÓN INTERIOR

Para realizar los trabajos de los interiores, seguiremos los siguientes procedimientos:

1.- Giraremos la embarcación y la dejaremos apoyándose sobre los soportes que hemos acoplado para realizar la extracción.

2.- Procederemos a realizar los laminados girando la embarcación en sus tres posiciones, posición a **0°**, totalmente horizontal, posición a **45°** y por último posición a **90°**.

En la posición horizontal a **0°**, utilizaremos un tablero interior tal como queda reflejado en el dibujo, para poder laminar sin tener que pisar las zonas laminadas. Fig.137

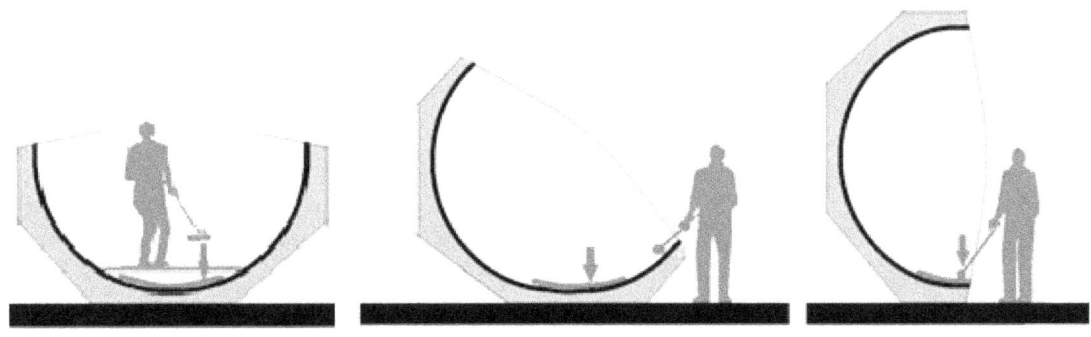

Posición horizontal a **0°**   Posición a **45°**   Posición a **90°**

Fig.137.-Posiciones del casco para el laminado interior.

Realizadas las laminaciones interiores del casco, recortaremos los perímetros superiores que tienen contacto con la cubierta.Fig.138

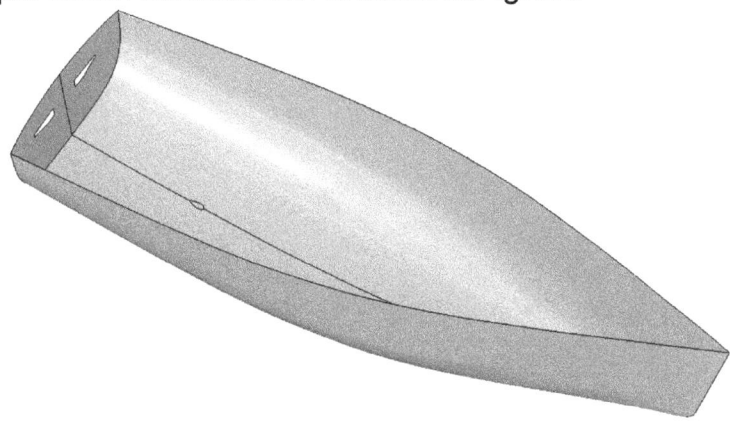

Fig.138.- Laminación interior del casco acabada.

El casco queda acabado con una parte central longitudinal de la eslora, maciza de estratificado y las partes laterales del mismo, estribor y babor, acabadas tipo sándwich con núcleo de madera.Fig.139

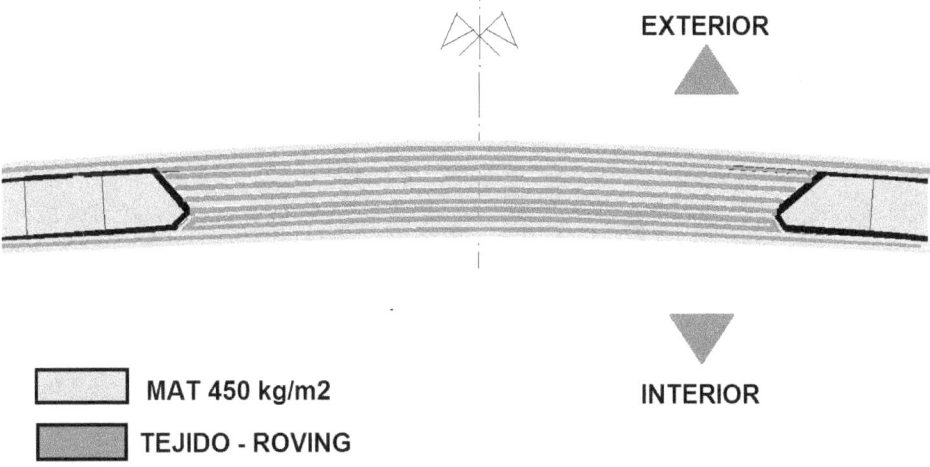

MAT 450 kg/m2
TEJIDO - ROVING

Fig.139.- Detalle sección del casco con la totalidad de las laminaciones.

13.-MÉTODO 2

PLANTILLAS

CARPETA -1
PLANTILLAS
E: 1/1

Planos para la confección de las plantillas de las secciones transversales **ST**. **E: 1/1**.

Encoladas sobre tableros de contrachapado de madera de **3** a **4** mm, de grosor.

Colocados haciendo coincidir las referencias (Triángulos) horizontales y verticales.

Los cortes se las secciones, quedan indicados en los planos, las secciones transversales indican la línea de corte, estas no incluyen los gruesos del casco.Fig.181

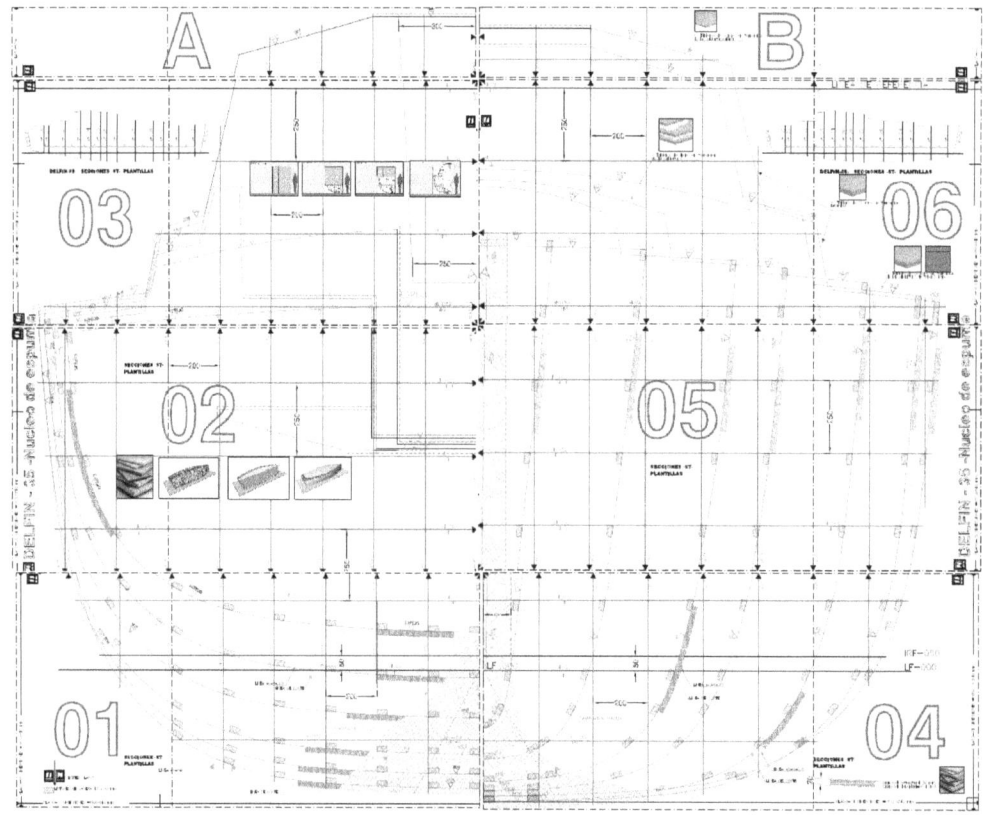

Fig.181.- Planos de las plantillas, casco en sándwich de espuma.

En el Método 2, describiremos la construcción amateur de la embarcación a vela "**DELFIN 35 - E**" IRF, tipo sándwich con núcleo de espuma.

El **Método 2**, varía únicamente en los materiales que lo formarán y en la construcción del casco. Referente a los materiales, consiste en el cambio de los listones de madera por placas de espuma y referente al procedimiento de construcción, se diferencia del anterior en la construcción del casco, en el cual se lamina la zona interior, se coloca la espuma del núcleo y se lamina la zona exterior, quedando el casco totalmente acabado antes de extraerlo.

En el **Método 1**, solo se hacía la zona del núcleo y se laminaba solo la zona exterior antes de su extracción, acabando la zona interior del casco posteriormente.

Este tipo de construcción, le aporta a la embarcación un aumento de la flotabilidad y una disminución del peso.

La embarcación puede ir con una orza maciza de plomo y acero inoxidable, o con una orza de inoxidable con bulbo de plomo, que disminuiría el peso.

La embarcación que se describe va con orza de inoxidable maciza de plomo, solución constructiva más sencilla. Fig.182

```
DELFIN 35 - E

Eslora casco        = ........10'73 m.
Eslora de flotacion = ......... 9,50 m.
Manga casco         = ..........3,46 m.
Manga flotacion     = ..........2,89 m.
Desplazamiento      = ..........6,00 t.
Orza Plomo          = ......... 2,80 t.
Altura mastil       = ........16,50 m.
Calado casco        = ..........0,49 m.
Calado total        = ......... 2,00 m.
Motor               = ..........34 CV.
```

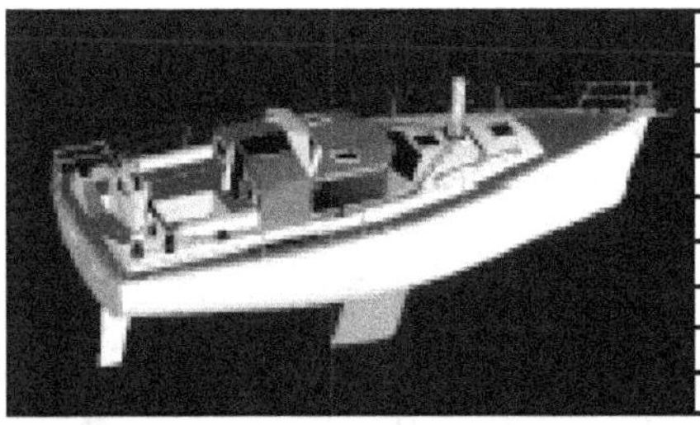

DELFIN 35 - E - IRF -	
Eslora total	10,73 m.
Eslora flotación	9,50 m.
Manga máxima fuera forros	3,46 m.
Manga máxima flotación	2,94 m.
Calado - lastre perfil NACA	0,49 - 2,00 m.
Desplazamiento	6,00 T.
Orza perfil NACA - acero + plomo	2,80 T.

Fig.182.- Características

La carpeta **Nº1**, correspondiente a las plantillas de trazado y al cambio de los materiales, pasando del casco de sándwich de madera al casco en sándwich de espuma.

Los planos constructivos son los mismos, indicados en las carpetas **N° 2** y **3**, en los que la cubierta y cabina se adoptan las mismas soluciones de materiales y trabajos. Fig.183

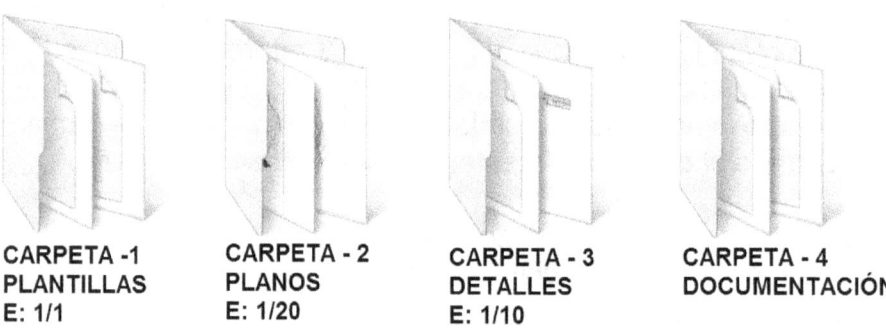

CARPETA -1	CARPETA - 2	CARPETA - 3	CARPETA - 4
PLANTILLAS	PLANOS	DETALLES	DOCUMENTACIÓN
E: 1/1	E: 1/20	E: 1/10	

Fig.183.- Carpetas

CONSTRUCCIÓN - MÉTODO 2

Partimos haciendo los replanteos sobre el terreno y colocando los tableros guías de las secciones transversales, que hemos indicado anteriormente, **Método1**.

En las figuras y dibujos explicativos, indicaremos a título orientativo, en la parte superior izquierda, las herramientas básicas a utilizar y en la parte inferior derecha indicaremos los materiales a utilizar. Fig.184

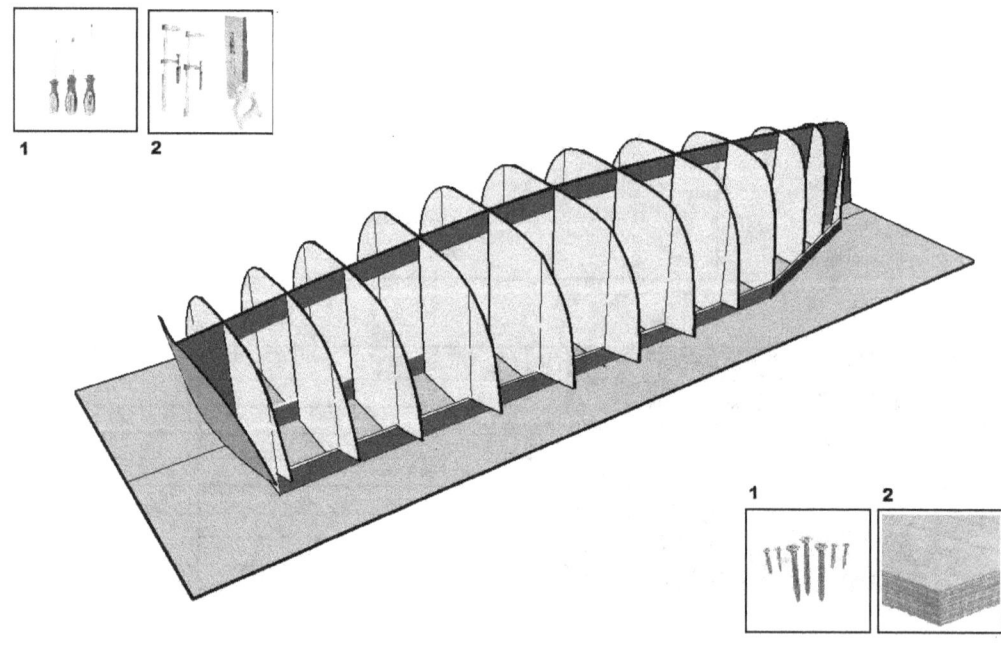

Fig.184.- Secciones transversales colocadas.

Realizamos las plantillas, cortamos las secciones en los tableros y situamos estas sobre el terreno tal como hemos explicado al principio.

Pasamos a continuación a colocar los listones longitudinalmente para dar forma al casco, distanciados tal como está su situación en las plantillas.

El primer listón ira a lo largo del perímetro del casco de unión con la cubierta, el listón lo atornillaremos a los tableros de las secciones transversales.Fig.185

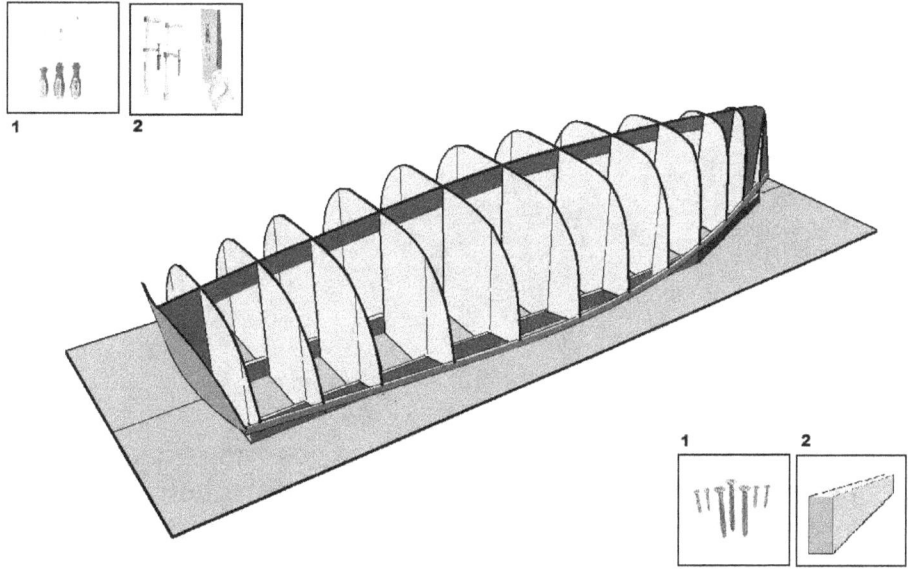

Fig.185.- Listón límite casco

Colocado el primer listón, pasamos a colocar los listones restantes, con las separaciones indicadas. Estos van clavados o atornillados a los tableros de las secciones transversales.Fig.186

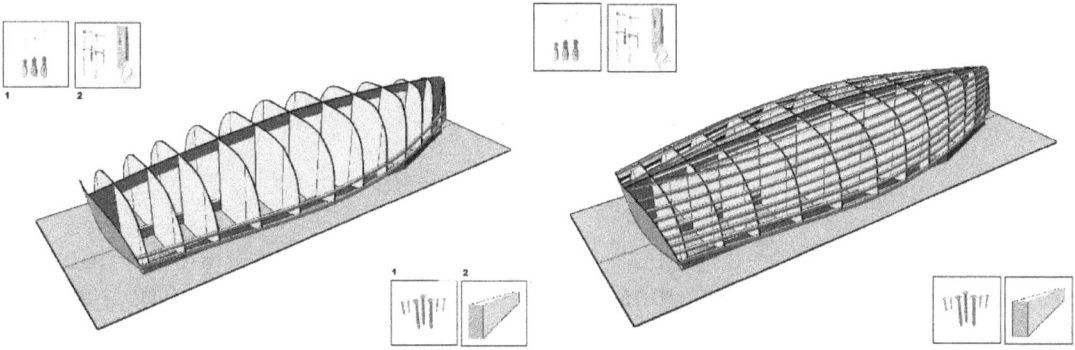

Fig.186.- Colocación de los listones.

Acabada la colocación de los listones, que nos dan el volumen del casco, procedemos a colocar cartones de **2** mm, de grosor o en su defecto podemos colocar láminas de madera de chapado **0,5** a **1**mm, aproximately. Esto lo haremos encolandolas a los listones y sujetandolos mediante grapas.Fig.187

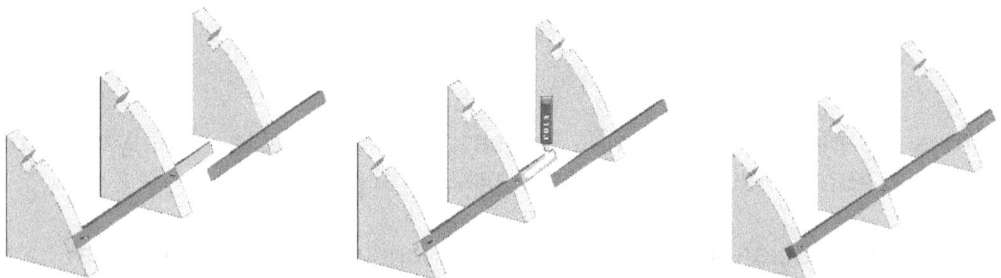

Fig.187.- Unión listones longitudinalmente.

Para la unión de los listones longitudinalmente, los cortaremos en cuña para obtener la máxima superficie de adherencia, aplicando colas del tipo: Cola blanca de carpintero, cola de contacto o bien silicona.FIg.188

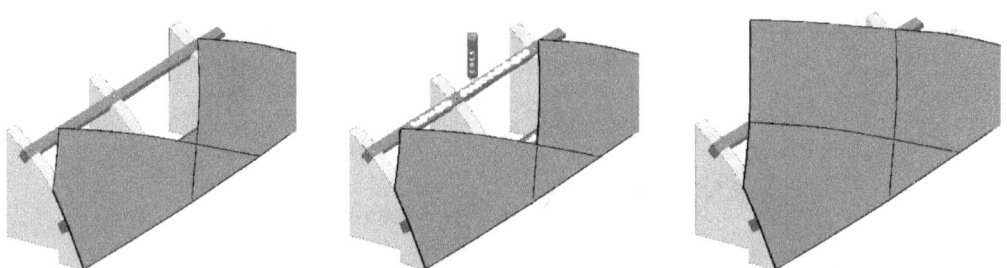

Fig.188.- Cubrición de los listones.

Hechas las uniones de los listones longitudinales, los impregnaremos de cola al igual que los tableros de las secciones transversales e iremos colocando los cartones, en diagonal para que cojan la forma curva del casco, sujetandolos con grapas.Fig.189

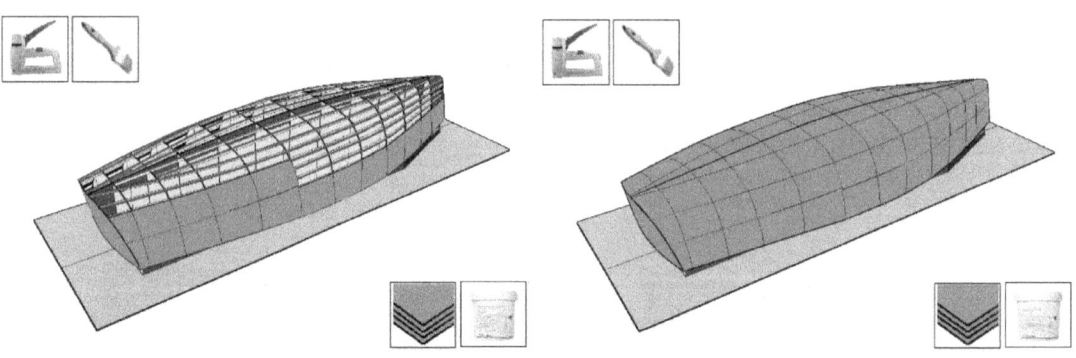

Fig.189.-Acabado del casco

Cubierto todo el volumen del casco con los cartones, evaluaremos los posibles defectos en las uniones o bien posibles hundidos de la superficie. Correjiremos estos defectos lijando y aplicando masilla con una espátula.

Siempre podemos optar por encolar una segunda capa a rompejuntas, para conseguir una mejor uniformidad en las superficies.Fig.190

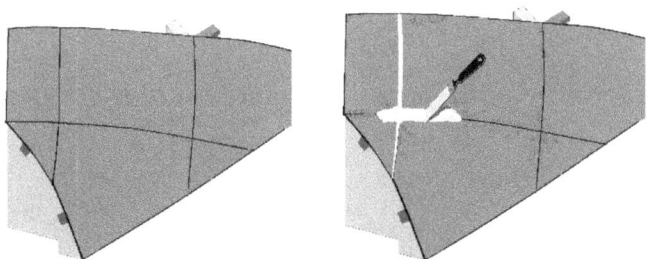

Fig.190.- Repasos uniones.

Podemos como seguridad colocar **2** capas de ceras y **1** de Alchol polivinílico, con el fín de crear una fina película, antes de proceder a cubrir el casco con el celofán.

Una vez conseguido la uniformidad en las superficies del casco, procederemos a envolverlo con celofan o plastico que no tenga adherencia con las resinas y que se pueda desmoldear y extraer los laminados que formaran el casco.

Colocaremos el celofán a **45º** del eje principal en una dirección, solapando las piezas y encolandolo en los sitios necesarios para tensar la superficie del mismo y evirat arrugas.

Si utilizamos grapas, estas las tenemos que tapar con una cinta adhesiva tipo "Texa" o similar. Fig.191,192

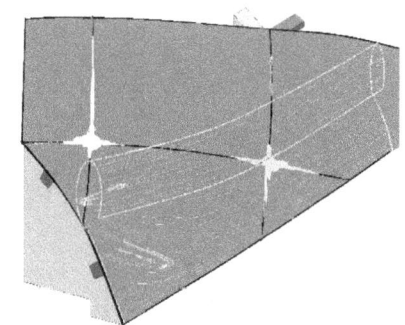

Fig.191.- Detalle de cubrición del casco con celofán.

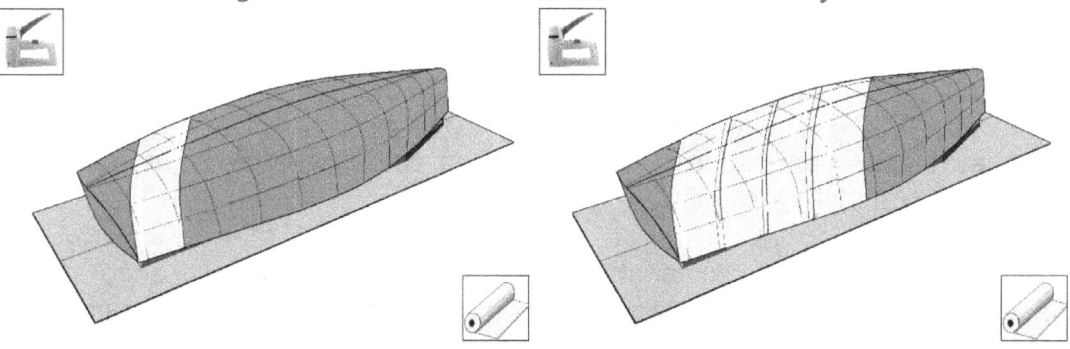

Fig.192.- Colocación a 45 º

Acabada la primera capa haremos otra inclinada en sentido contrario a **-45º** del eje principal, solapando y fijando las piezas.Fig.193

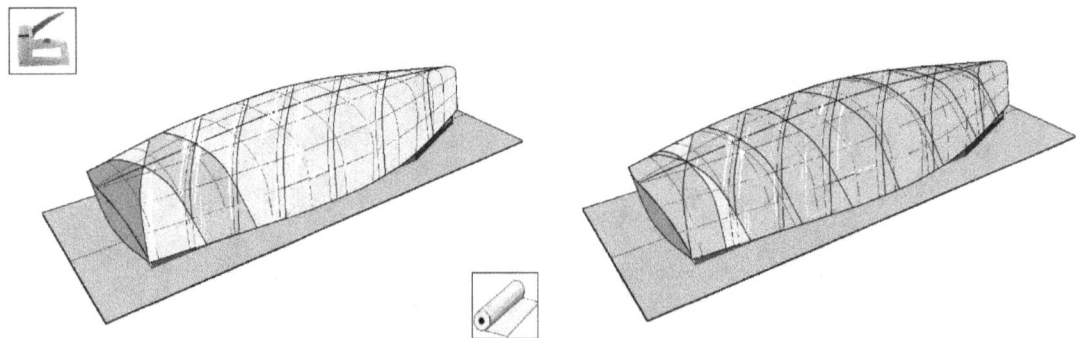

Fig.193.-Cubrición a -45º

Procuraremos que el envoltorio no tenga arrugas, acto seguido procederemos a colocar la primera capa de estratificado, que correspondera a la zona interior del casco.

Seguiremos el mismo procedimiento, colocaldo la fibra a **45º** del eje principal, pasandola por encima hasta el otro lado, para que se adapte a la forma del casco y para que no se desprenda durante su laminación.Fig.194

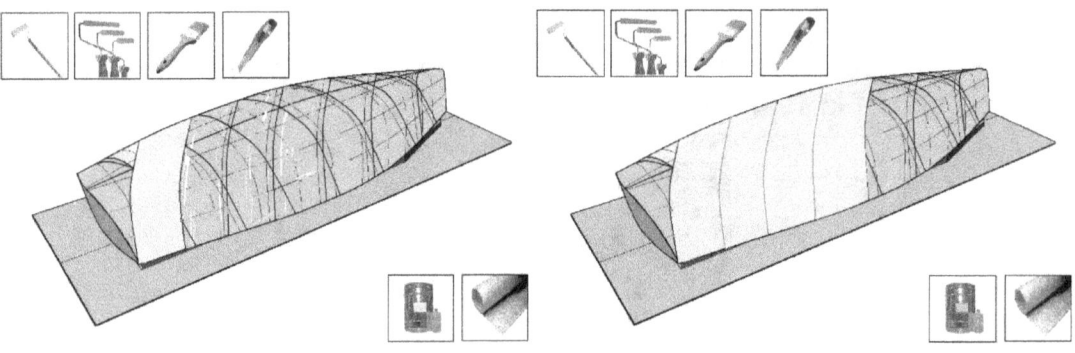

Fig,194.- Colocación del laminado a 45º

Colocaremos de forma alternativa una pieza de "**Mat 450**" y a continuación una de "**Roving**", formando ambas **1** capa, las veces indicadas en los planos de laminado.

Todas las piezas tienen que ir solapadas, tal como se indico anteriormente unas piezas con otras.

El **Método 2**, consiste en acabar las capas interiores del casco de la embarcación, para seguidamente colocar la espuma que formará el sándwich, luego rellenaremos la parte central longitudinalmente, para crear un núcleo macizo de estratificado y por último, realizaremos las capas exteriores acabandolas con gel-coat.

Haremos un seguimiento gáfico del proceso indicado, ampliando descripciones de cada parte del proceso.

La primera fase como hemos dicho, será el acabado de los laminados interiores del casco. Estos los haremos, sobre las capas realizadas de tratamiento de ceras, alchol polivinílico y celofan, que nos permitiran extraer posteriormente el casco.Fig.195

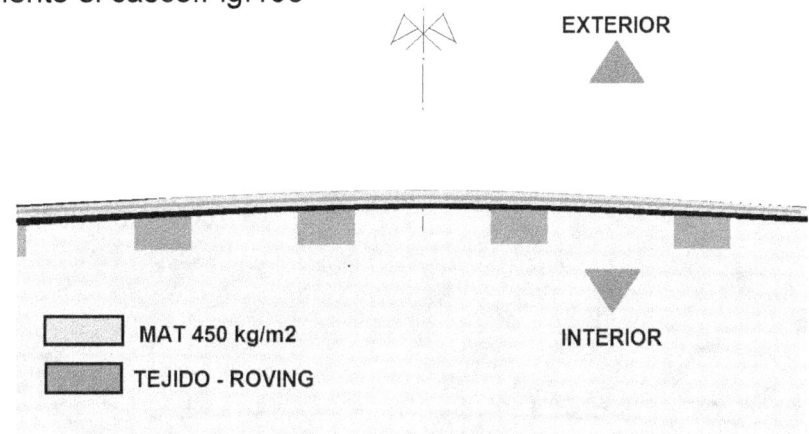

Fig.195.- Detalle de las capas interiores del casco.

Las fibras se colocarán a **45°** del eje principal, pasando por la parte superior, llegando a tapar la zona del casco del otro costado, se iran colocando unas al lado de las otras, con los solapes ya especificados, anteriormente. Fig.196,197

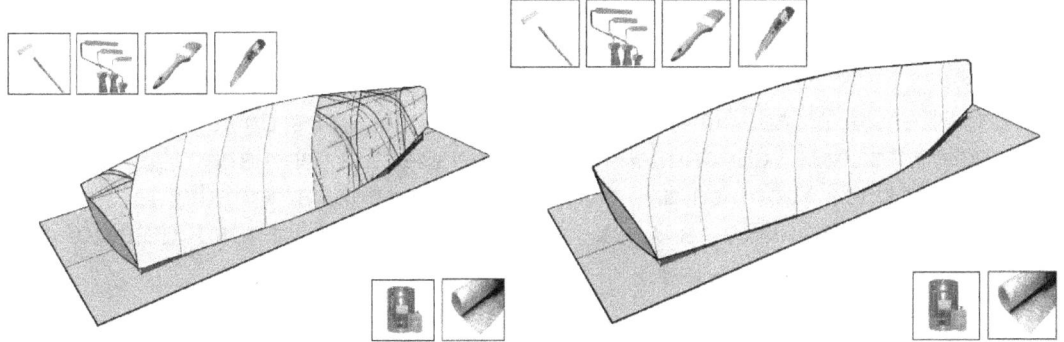

Fig.196.- Colocación a 45º de las capas. 45º.   *Fig.197.- Capas interiores del casco a 45º.*

Acabada la primera colocación, procederemos a colocar la siguiente capa a -**45°**, en sentido contrario de la primera, pasando por la parte superior al otro costado. El situar las capas de esta manera es para evitar que durante la laminación se puedan desprender.Fig.198,199.

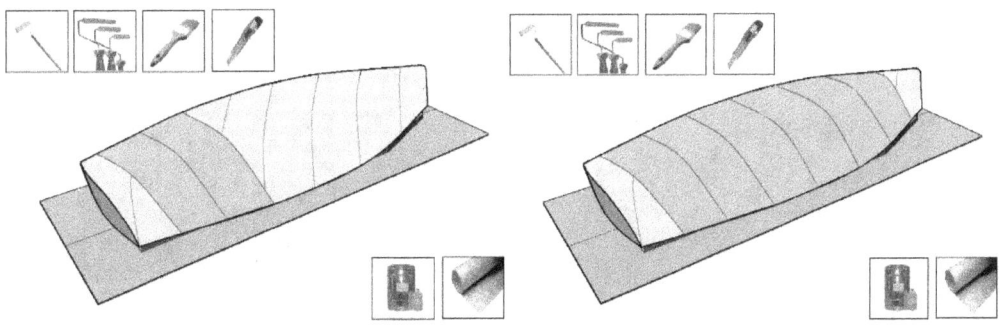

Fig.198.- Colocación a 45º de las capas.   *Fig.199.- Capas interiores del casco a 45º.*

Acabadas de colocar las capas de lo que será la zona interior del casco, procederemos a colocar la piezas de espuma del tipo "**Divinycell**" o similar. Estas piezas vienen cortadas en pequeñas cuadrículas, sujetas por un lado con un"**Mat**", que tienen la finalidad de poderse adaptar a los volúmenes curvos del casco de la embarcación.Fig.200

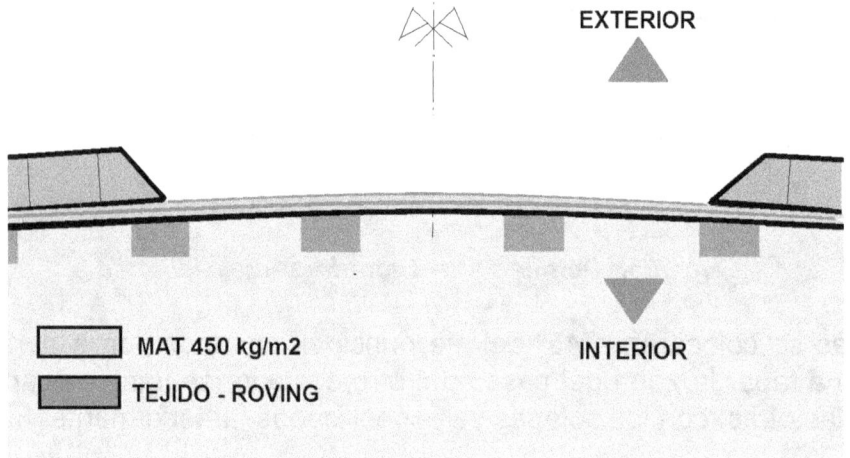

Fig.200.- Colocación de las piezas de espuma tipo "Divynicell" o similar.

Al colocarse estas piezas, las cuadrículas las situaremos en la cara exterior, estas tenderan abrirse, quedando unas ranuras, estas se tienen que rellenar mediante resinas con cargas, haciendolas penetrar mediante rodillos vibradores, que suministra la casa de las espumas y en su defecto con espátulas. Fig.201

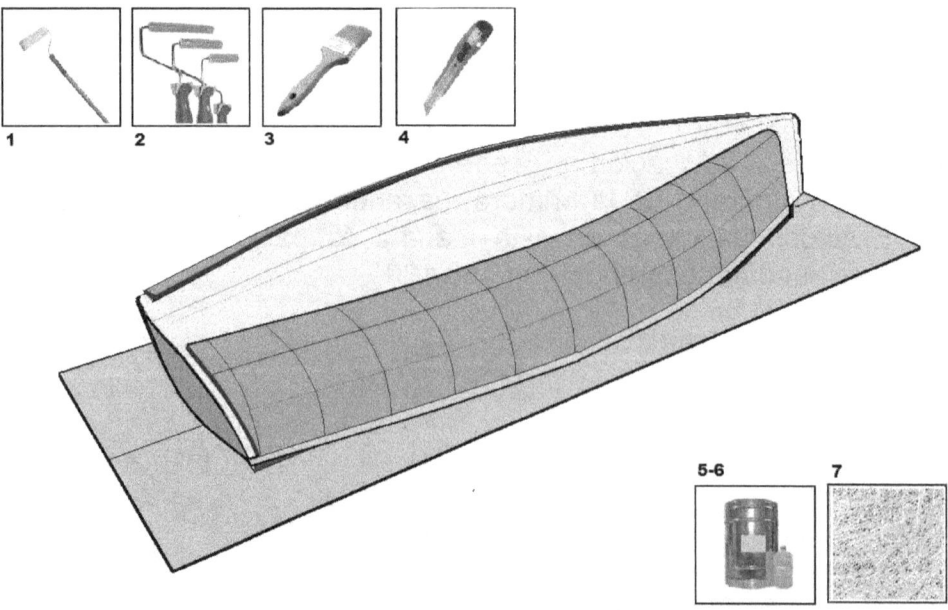

Fig.202.- Las cuadrícula de las piezas de espuma iran hacia el exterior.

Las piezas de espuma las recortaremos, dejando en la parte superior un hueco para ser rellenado de estratificado, formando una zona maciza. Fig.203

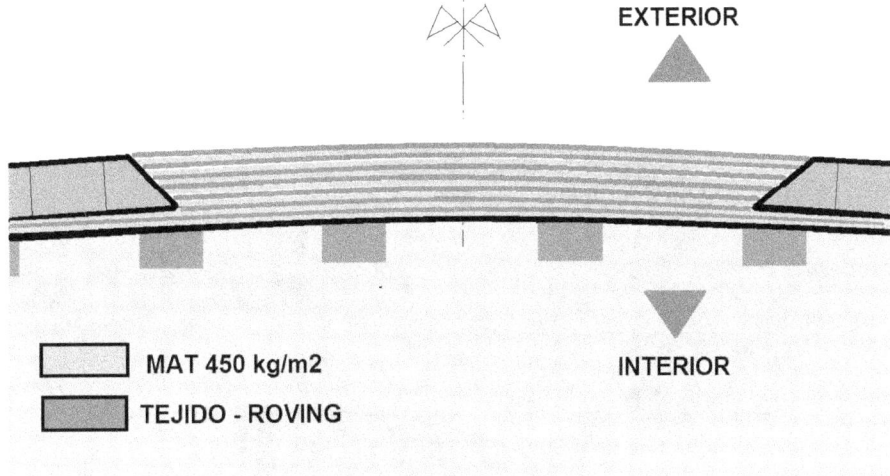

Fig.204.- Detalle sección de las piezas de espuma y el relleno de capas en el centro.

Colocación de los rollos de fibra en la parte central, en dos piezas, solapandose en el centro. El grueso del estratificado será igual al grosor de la espuma que hemos colocado. Fig.205

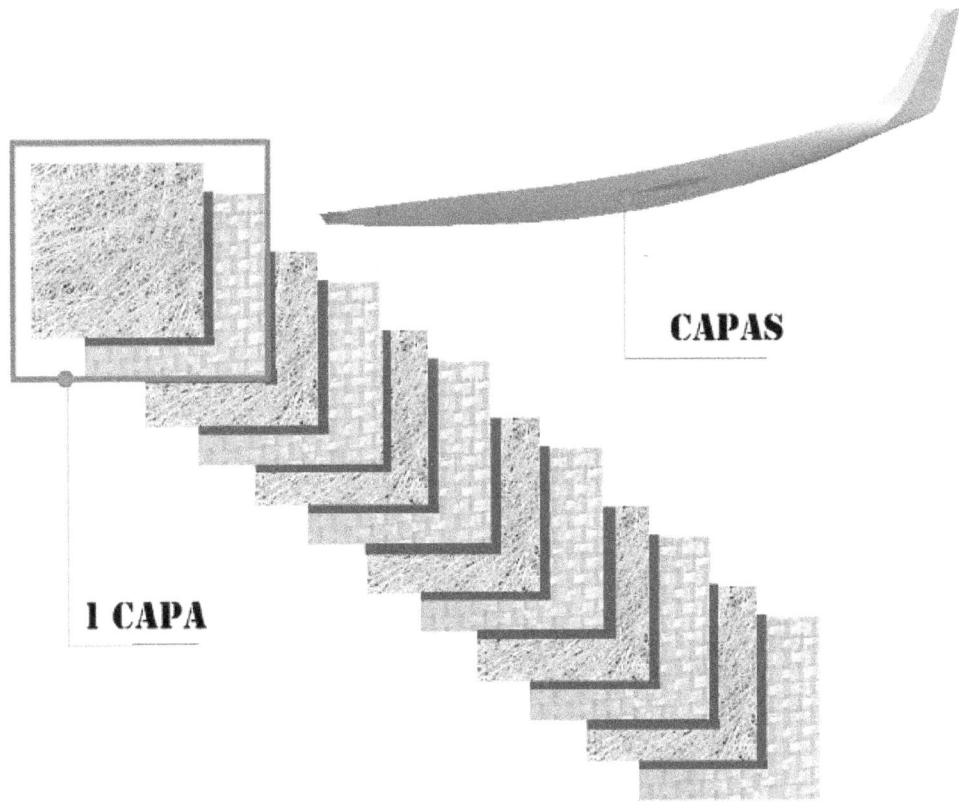

Fig.205.- Colocación de las capas centrales.

Secuencias de la alternancia de capas. Fig.206-207-208-209

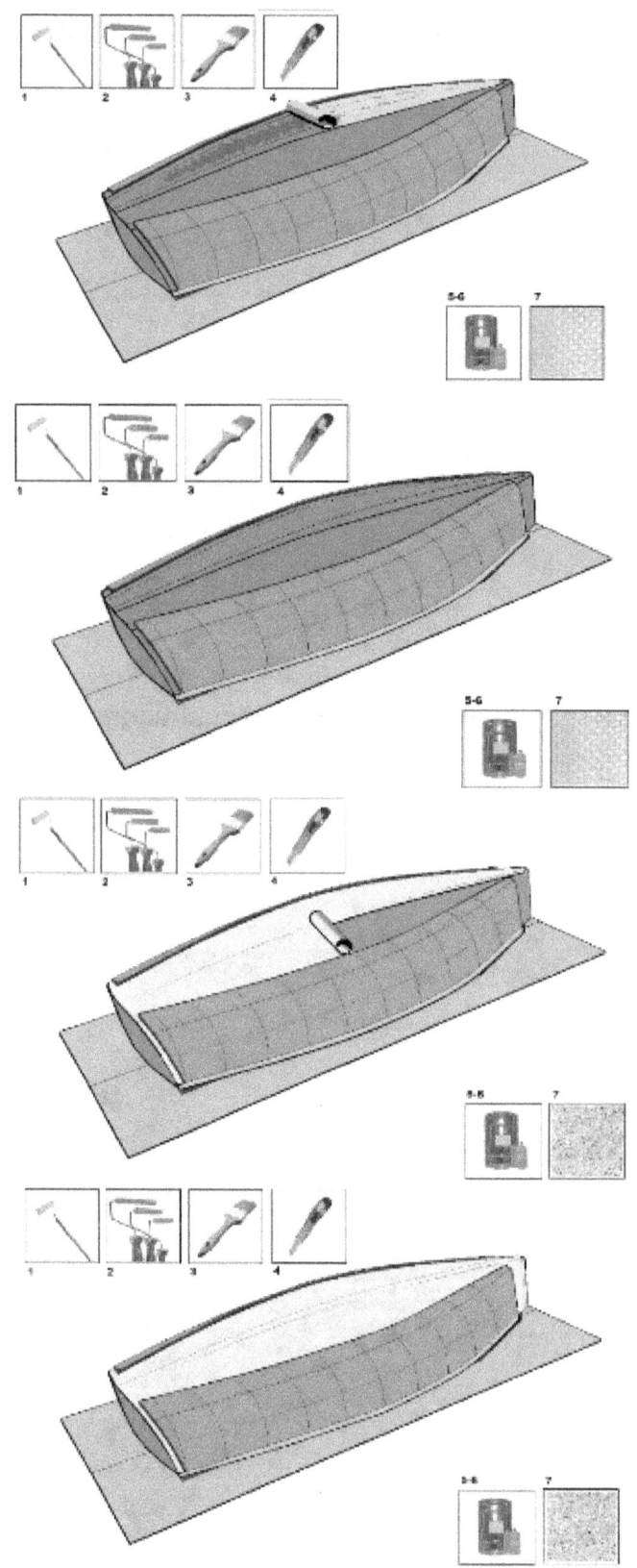

Fig.206,207,208,209.- Colocación de las capas centrales .

Acabada la parte central, pasamos a realizar las últimas capas que envolveran a la totalidad del casco, por la parte exterior.Fig210

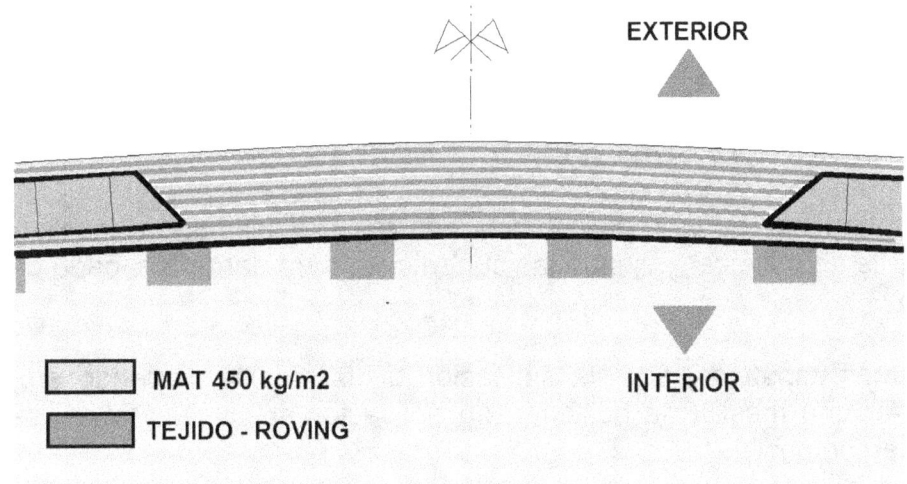

Fig.210.- Detalle sección de la colocación de las capas exteriores del casco.

En la colocación de estas capas, procederemos igual como se ha hecho con las capas interiores, una primera dirección a **45°** y una segunda a **-45°**. Fig.211

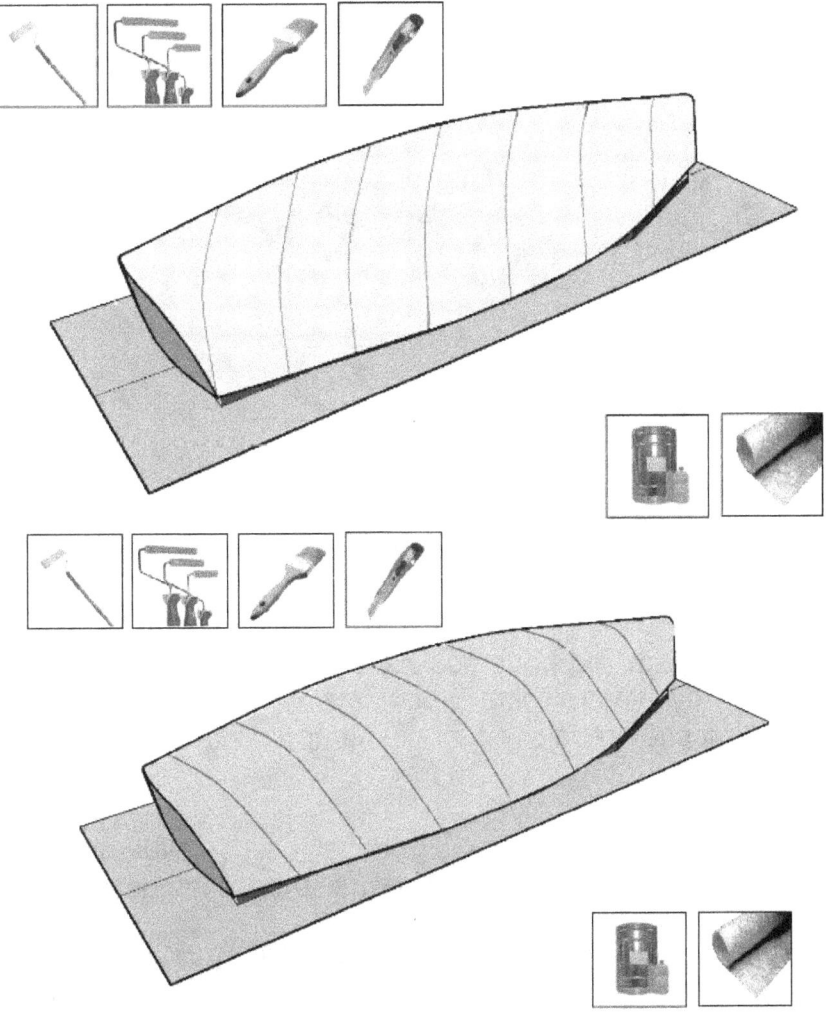

Fig.211.- Colocación de las capas exteriores del casco.

APLICIÓN DEL GELCOAT

MASILLADO DE LAS SUPERFICIES

Acabada la última capa, repasaremos los defectos rellenando las oquedades con masilla de poliéster y lijando las superficies, para dar un acabado del casco correcto.

Utilizaremos espátulas, para la aplicación de la masilla, teniendo en cuenta, que al ser una masilla de poliéster, su aplicación se tiene que realizar en el menor tiempo posible.

Una vez aplicada la masilla se necesita un tiempo de espera para que endurezca lo suficiente para proceder al lijado.Fig.212

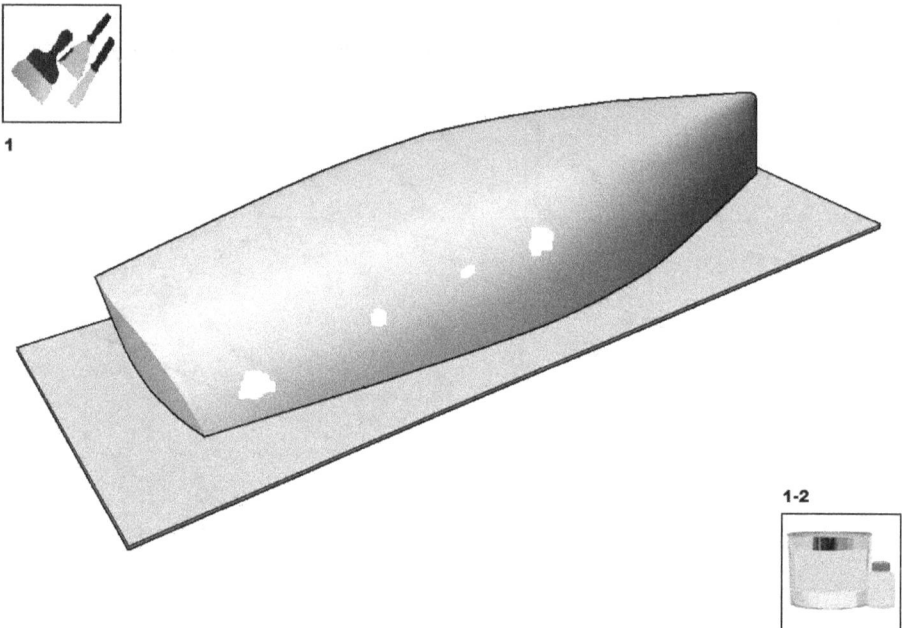

Fig.212.- Colocación de masilla y lijado de las superficies.

Para aplicar el "**gelcoat**", lo podemos hacer manualmente o mecánicamente, mediante equipos de pintura, este procedimiento es el más recomendado ya que se realiza mucho trabajo en poco tiempo y la aplicación queda muy uniforme.

Empezaremos dando varias capas a todo el casco, esperando los tiempos pertinentes entre capa y capa, para evitar que se descuelgue la pintura.

El aplicar varias capas de golpe, nos crea una película gruesa, que se desprenderá por su propio peso. Es preferible realizar finas capas, esperando que estas endurezcan. Fig.213

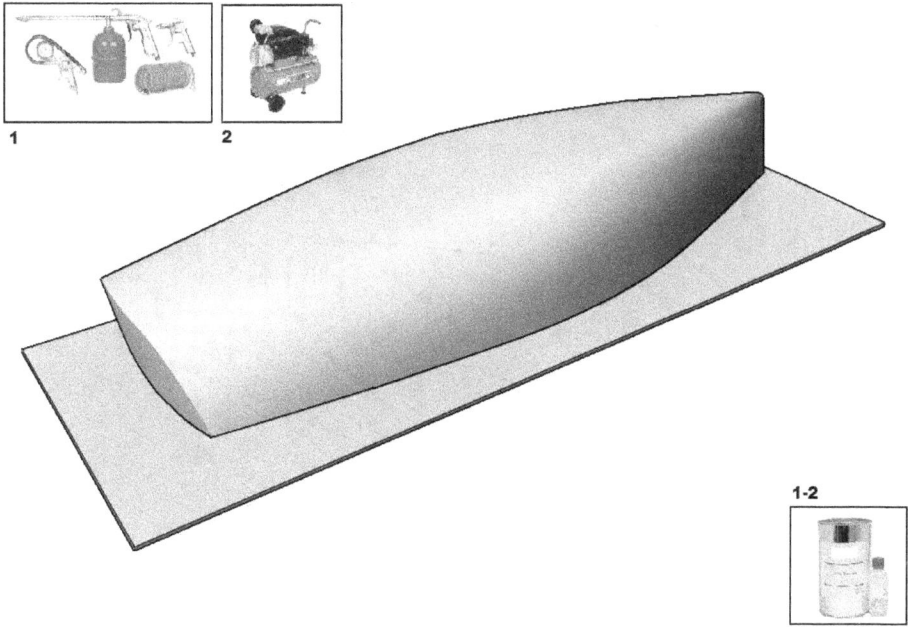

Fig.213.- Aplicación del gel coat.

Con el casco pintado en su totalidad, dibujaremos la línea de flotación, siguiendo los métodos indicados anteriormente, a base de pasar los niveles, mediante un tubo lleno de agua. Por vasos comunicante.

Una vez tengamos marcados los niveles de la línea de flotación, la perfilaremos con cinta de pintor, dándole los gruesos deseados. Es interesante pintar la línea de flotación, de forma que la parte inferior del grueso de la misma coincida con la **LF** y la parte superior del grueso de la línea coincida con la parte superior de la franja del **IRF**.

Esta línea se puede pintar con brocha, por ser superficies pequeñas más controlables. Fig.214

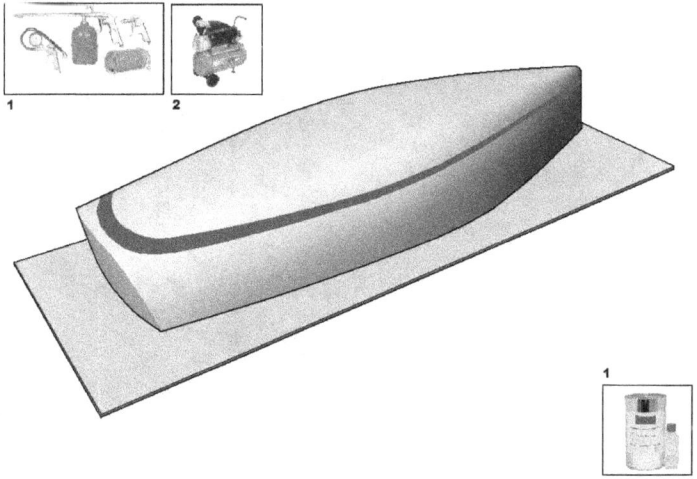

Fig.214.- Trazado y pintado de la línea de flotación (LF).

Aparte de la línea indicada que nos marca la flotación **LF** y el **IRF**, se pueden realizar otras líneas, dibujos etc, que le den una identidad a la embarcación y estirilizen visualmente las formas.

Con las líneas finalizadas pasaremos a dar un pulido y abrillantado del casco, mediante una pulidora electrica tipo Bosch o similar, con boina de lana y con la aplicación de las pastas que aconsege la casa suministradora. Fig.215

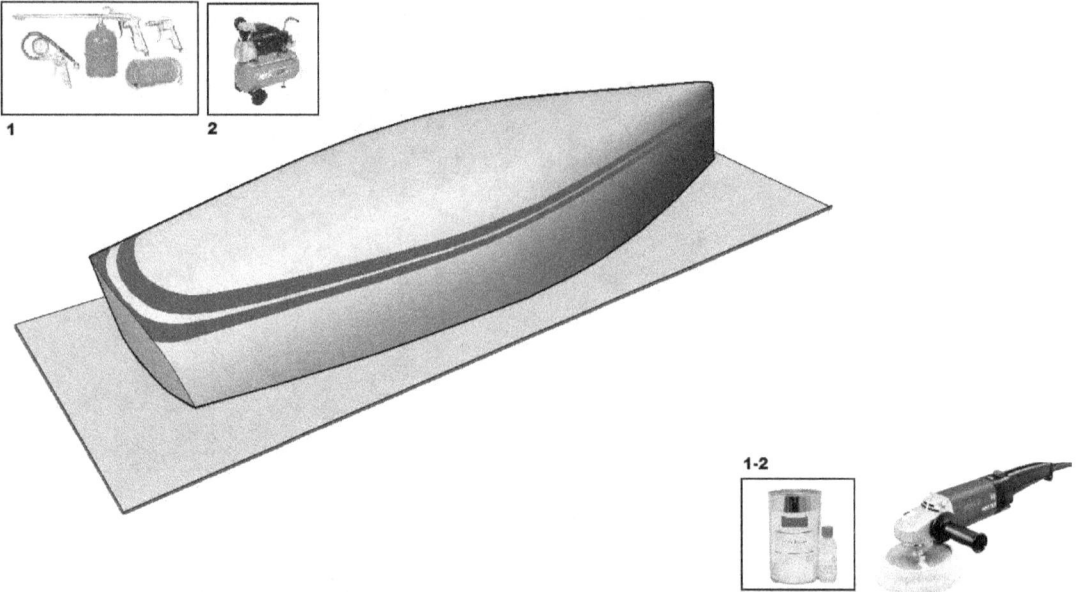

Fig.215.- Trazado y pintado de otras líneas.

Finalizado los trabajos de pintado del casco, ralizamos la extracción del mismo, colocando **4** perfiles metálicos que hacen la función de ganchos (2-3), que van unidos a una estructura de perfiles laminados tipo **IPN**, mediante cables.

La extracción deja libre el celofan que habiamos puesto, para poder ejecutar la extracción del casco.Fig.216

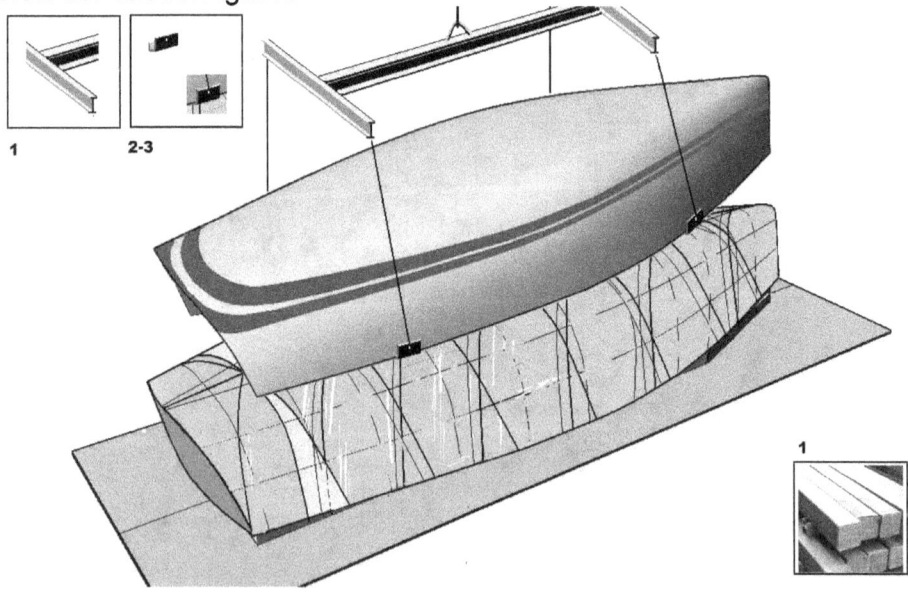

Fig.216.- Extracción del casco.

RECUPERACIÓN SECCIONES TRANSVERSALES

Extraido el casco, las secciones transversales que nos han permitido la realización del mismo, vamos a proceder a aliberarlas de los listones longitudinales, cartones de revestimiento y celofan que habiamos colocado para el desmoldeo.

Realizamos los trabajos, mediante una sierra manual eléctrica, caladora con la que cortamos todas estas uniones longitudinales descritas. El corte se hará justo a cada lado del tablero de madera de las secciones transversales. Fig.217

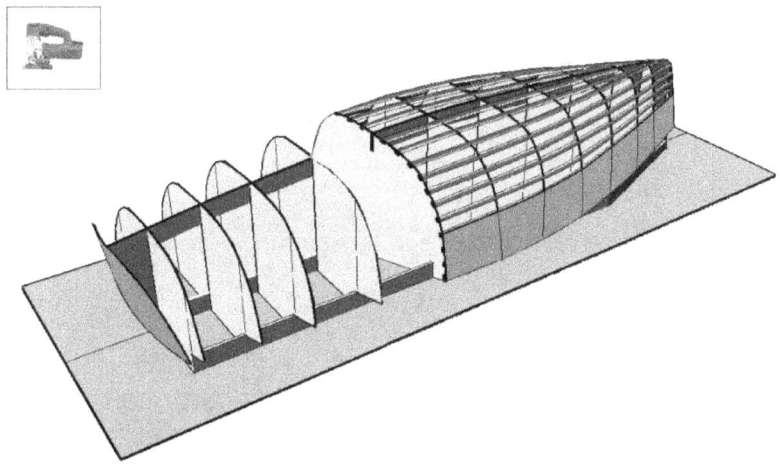

Fig.217.- Recuperación secciones transversales.

Recuperadas las secciones transversales, colocaremos cinta de pintor en los perímetros de las zonas del casco, con un grueso de unos **5** cm, por ambas caras, para proceder al barnizado de los tableros.

El grueso sin barnizar de **5** cm, servirá para que se adhiera las laminaciones con fibra y resinas para realizar las uniones con el casco y las secciones. Fig.218

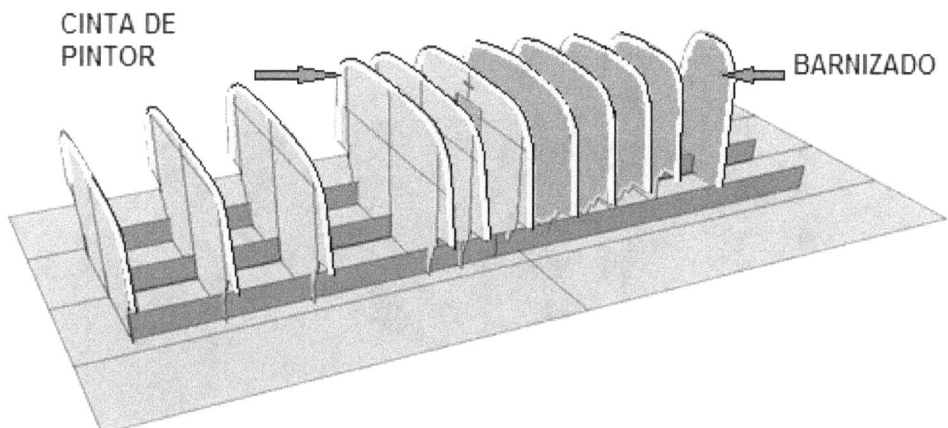

Fig.218.- Encintado y barnizado de los tableros.

Una vez barnizadas las secciones, recortaremos las partes correspondientes a la cubierta y cabina, lijamos los perímetros que estén en contacto con estas para unirnos mediante el laminando de una franja, por todo su perímetro, como ya se ha descrito. Fig.219

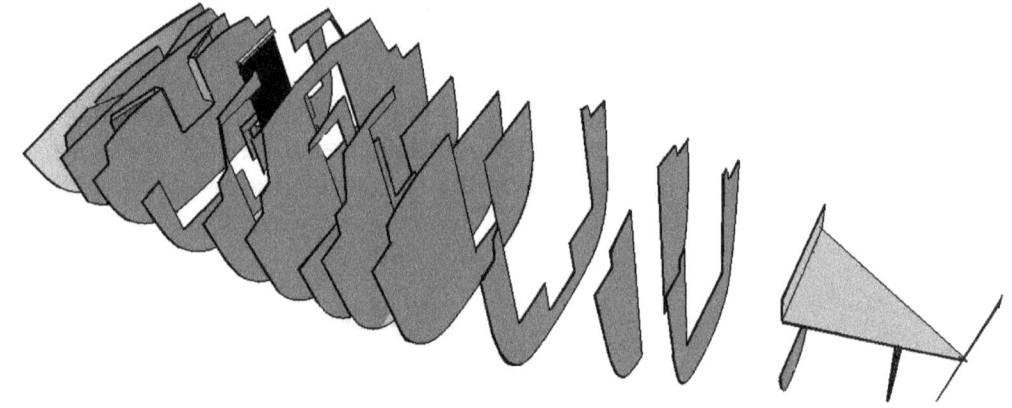

Fig.219.- Corte completo de las secciones transversales (ST).

REFUERZOS CASCO

Los refuerzos de la base del casco, los haremos con espuma del tipo "**Divinycell** "o similar, uniendo varias capas de estas piezas mediante la aplicación de resinas. Con las piezas unidas las cortaremos, redondeando los catos, para que la fibra se ajuste, dándoles la forma y dimensiones de cada refuerzo.Fig.220

Situadas las piezas en el interior del casco las laminaremos de la misma manera que indicamos anteriormente con la madera. Fig.221

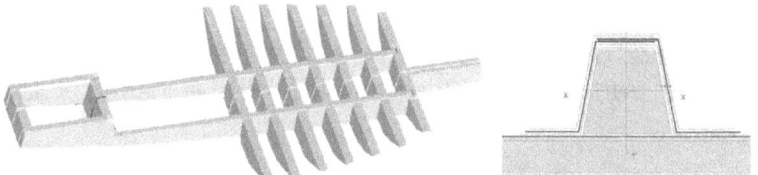

Fig.220.- Refuerzos con el interior de espuma.

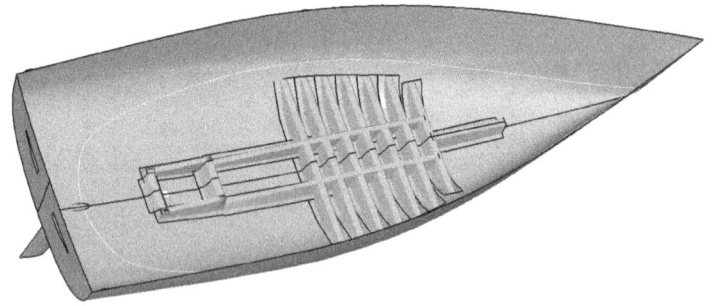

Fig.221.- Laminación de las piezas de espuma.

En los refuerzos metálicos de la parte inferior del casco, procederemos de la misma manera, los laminaremos al casco para que se unan y formen junto al casco un elemento estructural.Fig.222

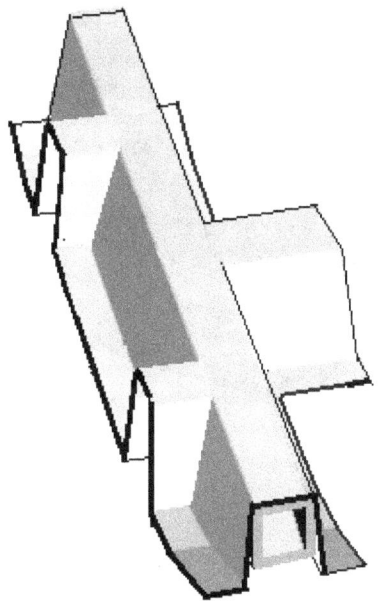

Fig.222.- Laminación de los refuerzos metálicos.

Situadas y unidas las secciones transversales **ST**, en el interior del casco colocaremos los refuerzos longitudinales **RL** en los laterales. Estos refuerzos son de espuma y los colocaremos en piezas que irán de sección a sección, laminándolos al casco y a los mamparos **ST**.Fig.223

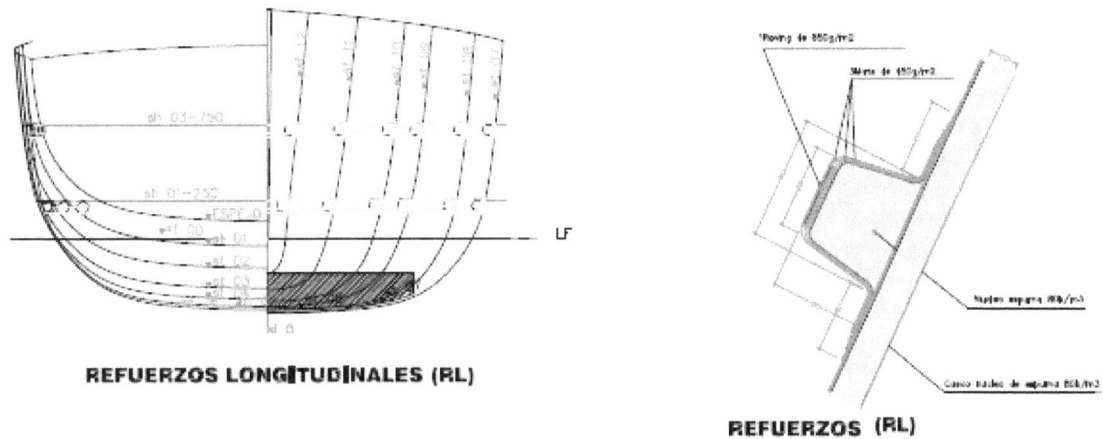

Fig.223.- Refuerzos laterales del casco.

CUBIERTA

El **Método 2**, la cubierta y la cabina se construyen de la misma manera, con los mismos materiales que los descritos en el **Método 1**.Fig.224

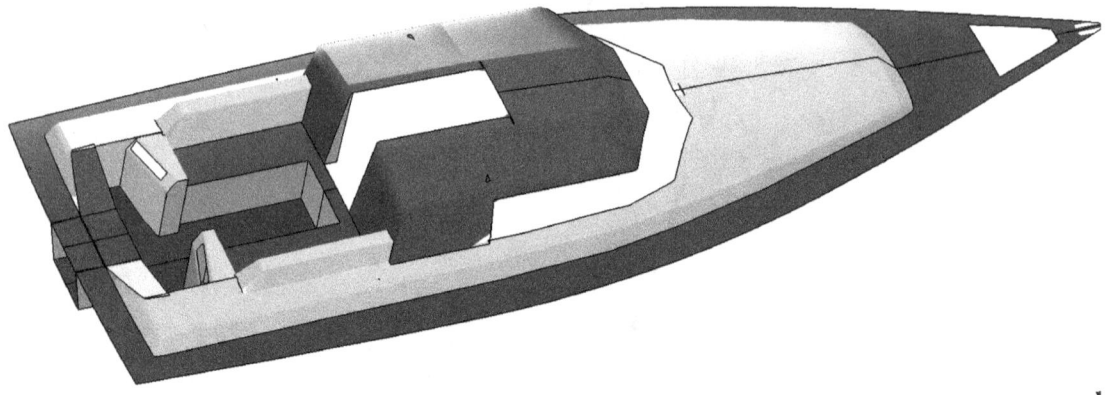

Fig.224.- Acabado exterior de las cubiertas y cabina

14.-REFUERZOS CASCO

REFUERZOS CASCO

Con el estratificado interior del casco, procedemos a colocar los refuerzos longitudinales y transversales, de la parte inferior.

Para crear las bases de los refuerzos que nos permitan laminarlos posteriormente, estas pueden ser hechas con espuma o bien utilizando los restos de tablero sobrantes realizados en los recortes de las secciones.

Formaremos elementos longitudinales rectangulares, uniendo las piezas de los tableros uniéndoles con colas, para proceder una vez endurecidas estas, a dar la forma de los refuerzos, redondeando las aristas para poder facilitar la laminación y conseguir que la fibra de vidrio, quede completamente adherida a las bases de madera.

Las bases de madera, cortándolas y ajustándolas a las formas curvas del casco, nos servirán como molde para laminar sobre estas.

Cortadas las bases de madera, las colocaremos sobre el casco aplicando resinas con cargas para la unión con el casco.

Las resinas ya aceleradas para realizar esta unión, les añadiremos cargas de polvos de Talco o bien de Micro esferas de vidrio, para conseguir una pasta a la que añadiremos un catalizador, mezclaremos y las aplicaremos con espátula sobre las superficies de contacto.

Utilizaremos estas resinas con cargas, para redondear la arista de unión de la parte inferior de los refuerzos con el casco, que permita a la vez por su forma curvada de media caña, facilitar la colocación de las fibras y su laminación, evitando la formación de burbujas de aire.

La aplicación tiene que hacerse de forma rápida, debido a que los tiempos de endurecimiento son cortos, evitando que catalice, tal como se ha reflejado en el apartado de resinas. Fig.140

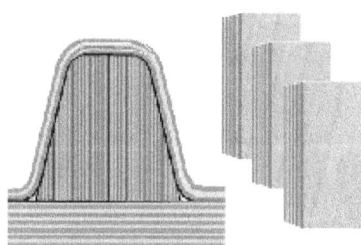

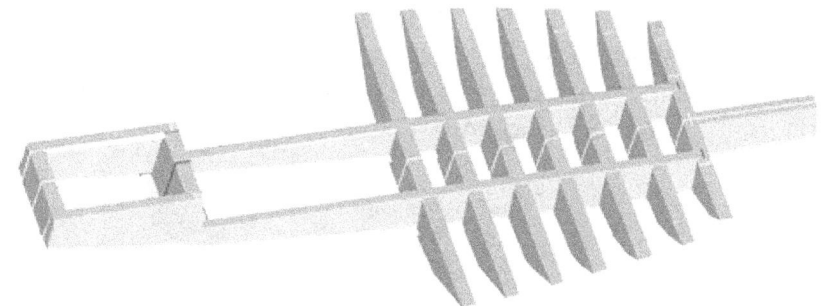

Fig.140.- Detalle refuerzos de la parte inferior del casco.

Colocados los refuerzos en la base del casco, procederemos al laminado de los mismos con las capas y solapes indicados en los planos ejecutivos de la embarcación.Fig.141

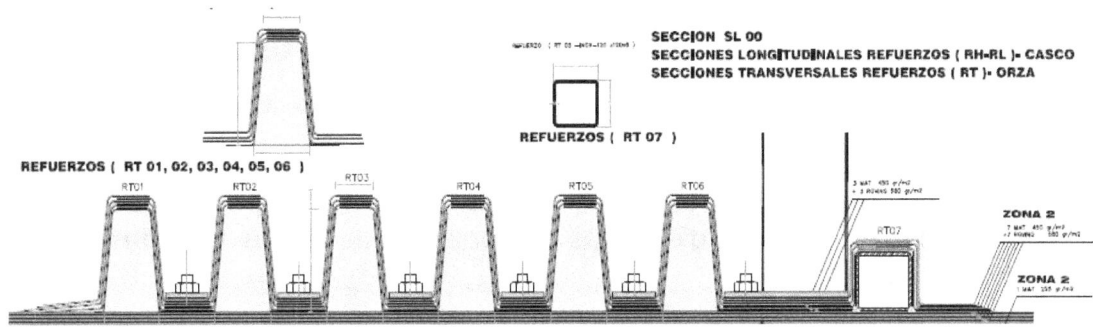

Fig.141.- Detalle de las laminaciones de los refuerzos.

Los refuerzos metálicos se adaptaran a las formas de casco, uniéndolos de la misma manera a base de resinas con cargas, laminándolos con las capas indicadas en los planos.

Es importante recalcar que los solapes de estos refuerzos, se tienen que hacer en la zona inferior y superior de cada uno, tal como queda reflejado en la Fig.141. De esta forma aumentamos la resistencia de los refuerzos y el casco. Igual lo haremos con los refuerzos metálicos.

Colocados los refuerzos, es necesario marcar la línea de flotación (LF), que será la referencia para los demás trabajos a realizar en los interiores. Fig.142

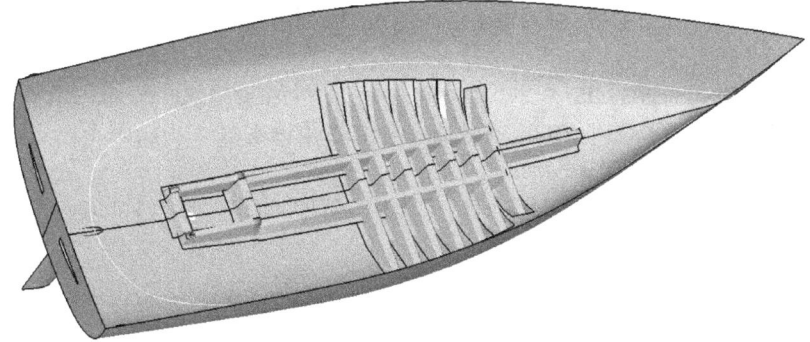

Fig.142.-Colocados y laminados los refuerzos marcaremos la línea de flotación (LF).

Colocadas las secciones transversales **ST**, colocaremos los refuerzos longitudinales laterales **RL** del casco. Estos refuerzos son de espuma y los colocaremos en piezas que irán de sección a sección, laminándolos al casco y a los mamparos (ST).Fig.143

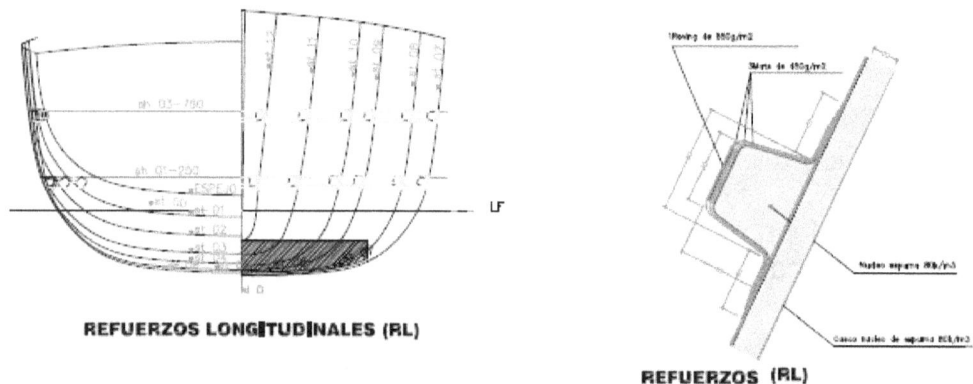

Fig.143.- Refuerzos laterales del casco.

Para marcar la línea de flotación en el interior de la embarcación, partiremos de que la embarcación está totalmente horizontal por los soportes que hemos añadido, que mantenían las distancias de horizontalidad de la línea de flotación de la embarcación.Fig.144

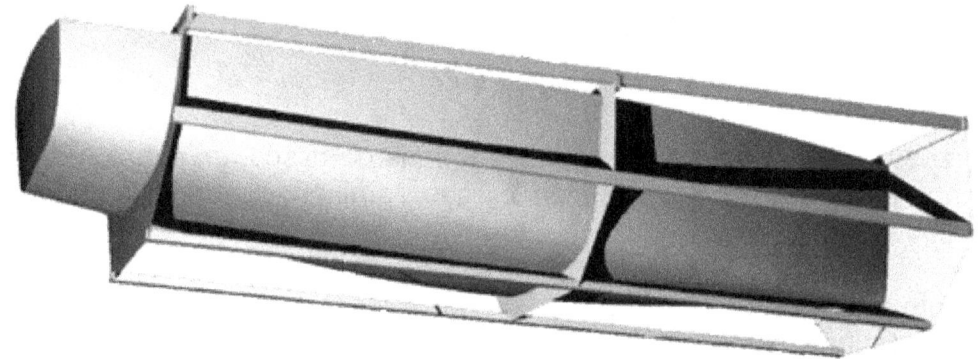

Fig.144.- Paralelismo de las bases de los soportes con la línea de flotación.

Situamos un punto de la línea de flotación **LF** en el interior del casco, mediante un tubo de plástico transparente de unos **2** cm de diámetro, lleno de agua con un extremo tapado y libre el otro, podremos trasladar el nivel de dicho punto, que nos lo indica el agua en el extremo abierto del tubo.

Por el efecto de los vasos comunicantes, lo hacemos alrededor del casco, marcando puntos que nos permitan trazar una línea continua **LF**.

Definiremos de esta manera el perímetro de la línea de flotación **LF**.Fig.145,146.

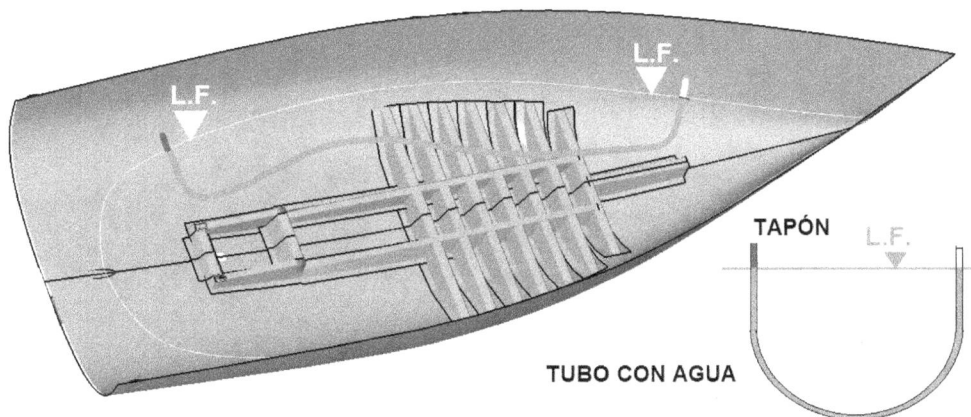

Fig.145.- Tubo con agua para marcar niveles.

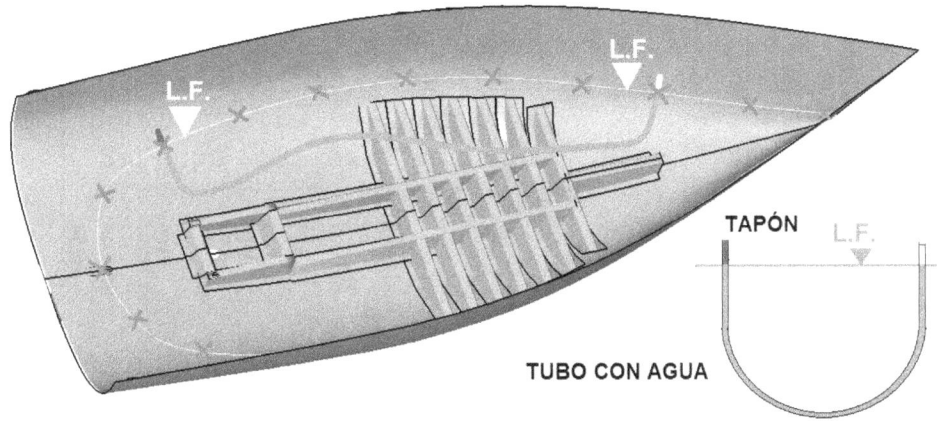

Fig.146.- Marcaje de puntos para dibujar la línea de flotación.

Marcada la línea de flotación **LF**, procederemos de la misma manera a marcar la línea que corresponde al **IRF**, el nivel del piso necesario para conseguir que la embarcación sea totalmente insumergible, con recuperación de la flotabilidad.

Podemos dejar el nivel fijo del piso en toda la embarcación solución **A** o bien, podemos hacer un nivel más bajo para conseguir mayor altura interior de una zona solución **B**.Fig.147, 148.

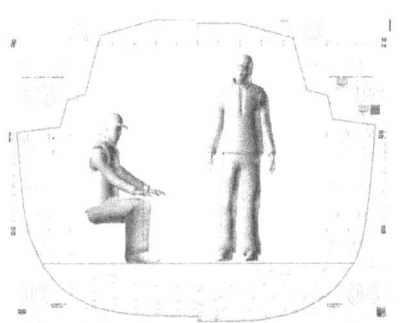 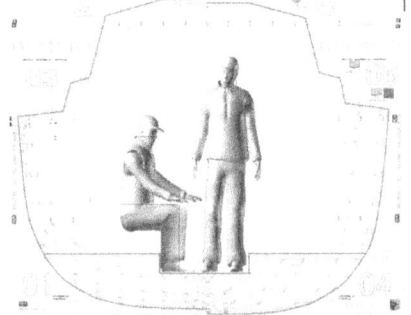

Fig.147.- Nivel del IRF.Solucion A   *Fig.148.- Nivel del IRF.Solucion B*

Relleno de espuma hasta el nível de la línea **IRF**, todo el piso al mismo nivel. Esta solución permite que en el caso de una inundación interior, accionanado el dispositivo **IRF**, el agua interior sería expulsada al exterior, por si misma, sin necesidad de bombas de achique.

El piso interior quedaría sin agua.Fig.149

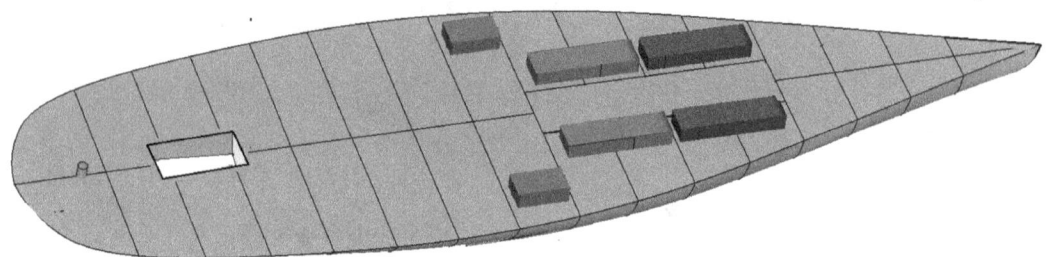

Fig.149.- Piso a un mismo nivel. Solución A

En la primera solución, si se inundara el interior, al accionar el dispositivo **IRF**, extraería la totalidad del agua interior, dejando completamente sin agua el piso.

En la segunda solución, siempre quedaría un resto de agua por debajo de la línea de flotación **LF**, que tendría que ser evacuada con bombas manuales o eléctricas, la embarcación seguiría siendo insumergible, con una recuperación parcial de la línea de flotación.Fig.150

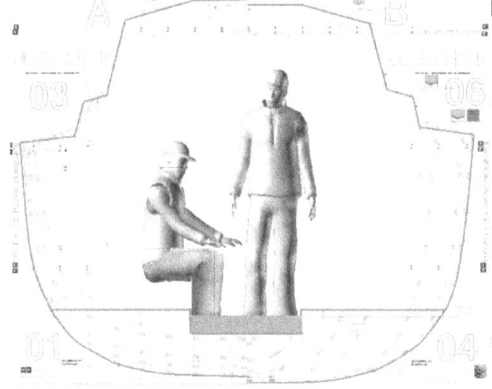

Fig.150.- Nivel del IRF.Solucion B

Relleno de espuma hasta el nivel **IRF**, parcialmente solución **B**, se deja un hueco a otro nivel más bajo del piso, esta solución comporta que, en el caso de existir una inundación interior, accionanado el dispositivo **IRF**, el agua interior sería expulsada al exterior, por si misma, sin necesidad de bombas de achique, excepto la existente en el hueco por debajo de la línea **IRF** . Fig.151

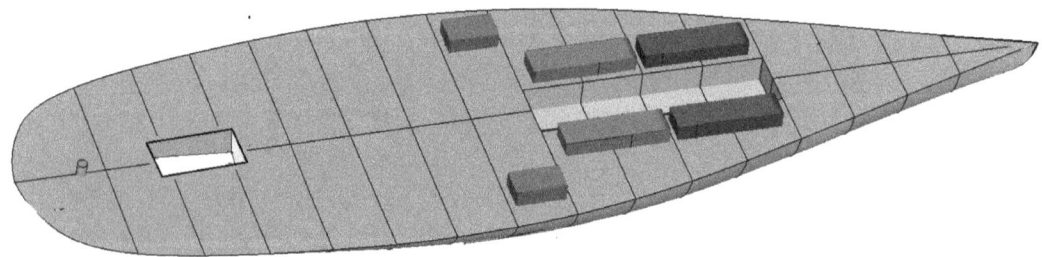

Fig.151.- Piso a dos niveles. Solución B

La línea **IRF**, siempre tiene que estar por encima de la línea de flotación **LF**.Fig.152

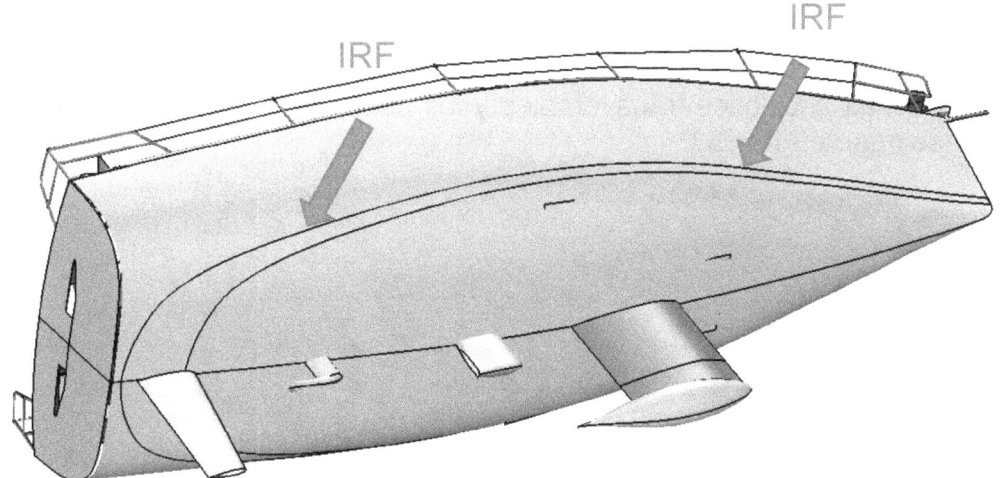

Fig.152.- Línea del IRF, por la parte superior de la línea de flotación (LF).

Al tener las resinas de poliéster hidrocarburos volátiles inflamables, se tendrá que seguir las normas de seguridad habitual y recomendadas.

Durante el estratificado, deberemos disponer de un recipiente que contenga un disolvente (acetona), para limpiar los utensilios utilizados durante el proceso de laminación.

Es muy importante hacer constar que una vez se añada el catalizador a la resina y se mezcle, este reacciona dejando un margen de trabajo aproximado de **15** minutos, pasados estos observaremos que la resina se va espesando lo que la tendremos que retirar y tirar por no estar en condiciones para seguir las laminaciones.

Por estos motivos prepararemos en una cubeta, pequeñas cantidades de resina y el catalizador, para poderla aplicar con rapidez y evitar que polimerice y quede inservible.

Es preferible preparar lo necesario para aplicar, procurando acabarlo en la aplicación prevista, y volver a realizar de nuevo otra cantidad en el caso de faltar.

Durante los trabajos de las laminaciones debemos protegernos los ojos con unas gafas cerradas, llevaremos una mascarilla, protegeremos el pelo con un elemento de cubertura para tal fin y llevaremos guantes y botas tipo de agua.

La presente información corresponde a experiencias personales que se hacen a título informativo.

Marcada la línea **IRF**, nos servirá de nivel horizontal del piso de la embarcación, que podremos trasladar a los mamparos interiores una vez colocados, donde situaremos los soportes para colocar el piso.

Veamos con los dibujos de los mamparos ya colocados y seccionados a nivel de la línea **IRF**, para poder apreciar mejor el emplazamiento de los refuerzos, la situación de las secciones transversales y los depósitos de agua potable, gas-oil y aguas negras.FIG.153

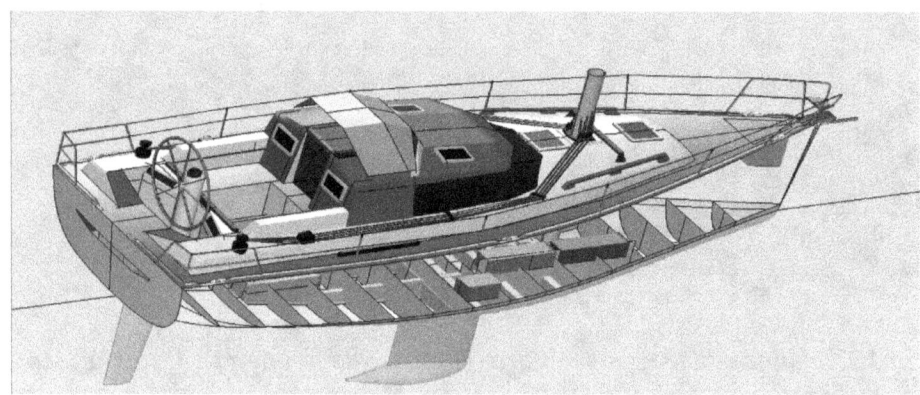

Fig.153.- Mamparos a nivel de la línea IRF.

Antes de colocar el piso de la embarcación, realizaremos los siguientes trabajos:

1.- Laminaremos las secciones transversales **ST** y las longitudinales **SL** con el casco con **Mat** y **Roving**, según lo indicado en los planos y entre ambas con de los volúmenes por debajo de la línea **IRF**.

2.- Pintaremos con "**Gelcoat**" todas las zonas de los volúmenes indicados anteriormente formados por las secciones transversales **ST** y las secciones longitudinales **SL**, colocados por debajo de la línea **IRF**.

3.- Antes de colocar el piso, rellenaremos con espuma del tipo **Divinycell** o similar de poca absorción de agua, los volúmenes huecos indicados anteriormente, sellándolos por la parte superior con un laminado Fig.154

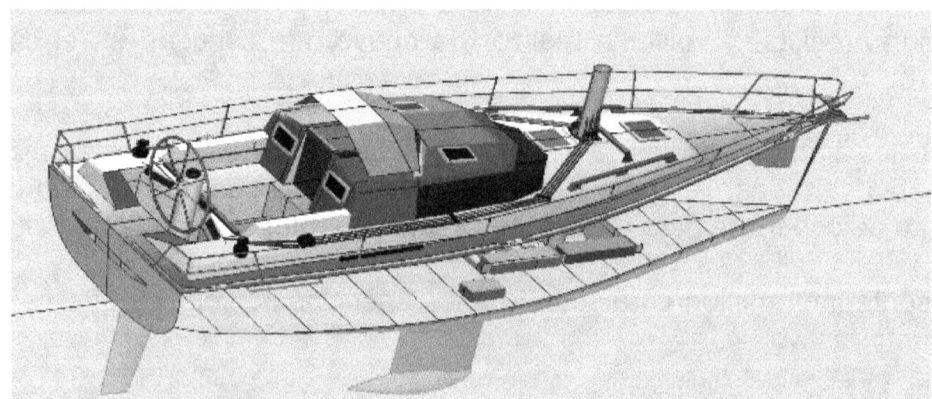

Fig.154.- Interiores de espuma acabados.

4.- Finalmente colocamos el piso, sellando con silicona las uniones del piso con los mamparos transversales, horizontales y las entregas con el casco.Fig.155

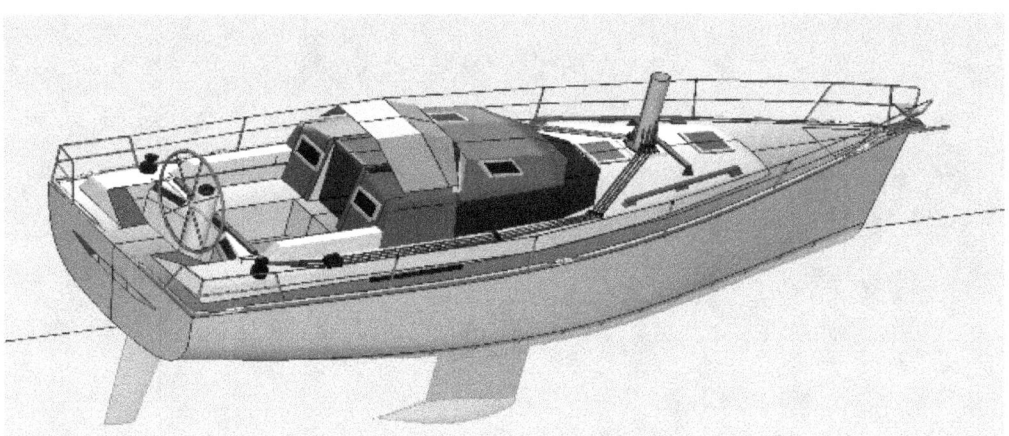

Fig.155.- Embarcación acabada.

En la figura de la embarcación con el casco completo, observamos que la línea del piso **IRF** queda por encima de la línea de flotación **LF**.

15.-INTERIORES

INTERIORES

Con los refuerzos colocados en el casco, procederemos al corte de las secciones transversales **ST**, siguiendo los planos ejecutivos.Fig.156

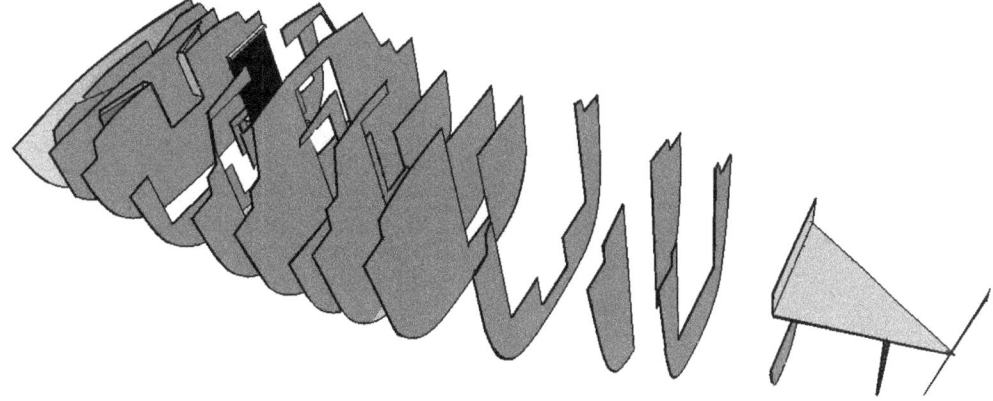

Fig.156.- Tableros transversales (ST).

De la misma forma procederemos al corte de las secciones longitudinales **SL**.Fig.157

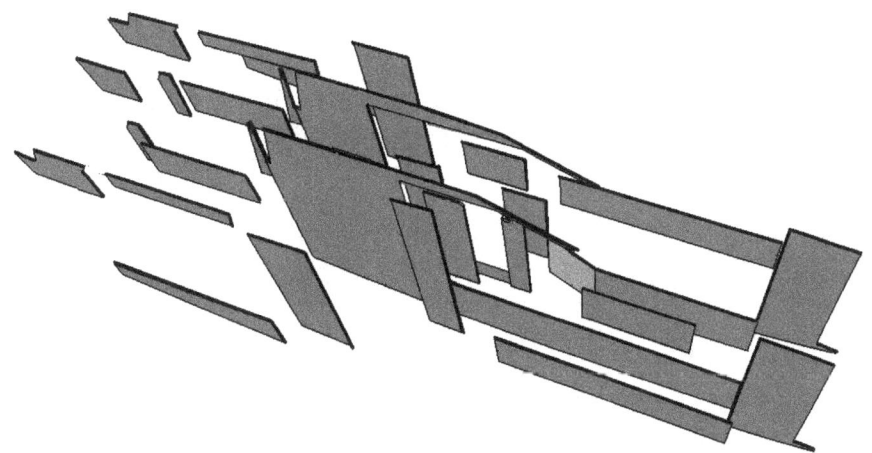

Fig.157.- Secciones longitudinales (SL).

Cortamos las secciones horizontales **SH**.Fig.158

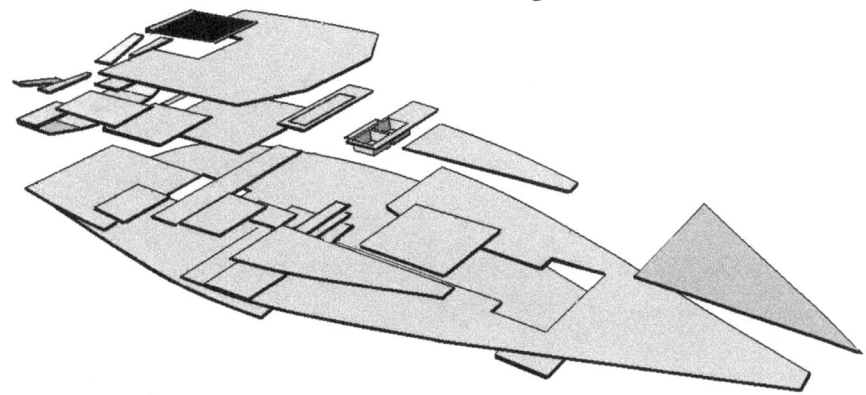

Fig.158.- Secciones horizontales (SH).

Visualización de las uniones de las secciones transversales **ST**, secciones longitudinales **SL** y secciones horizontales **SH**, a realizar dentro de la embarcación.Fig.159

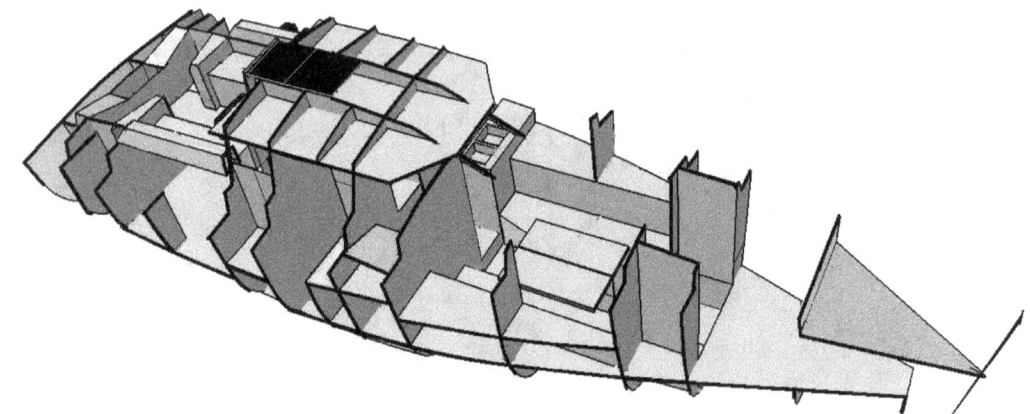

Fig.159.- Ensamblaje de las secciones (ST, SL, SH).

Los trabajos a realizar en la introducción de las secciones dentro del casco, los realizaremos colocando en primer lugar las secciones transversales **ST**.

Para facilitar la colocación de las secciones transversales **ST**, es interesante dejar marcadas unas señales en la parte interior del casco, en el momento que se hizo el casco exterior, sobre las secciones **ST**, de esta forma ahorraremos tiempo y las secciones estarán bien replanteadas.Fig.160

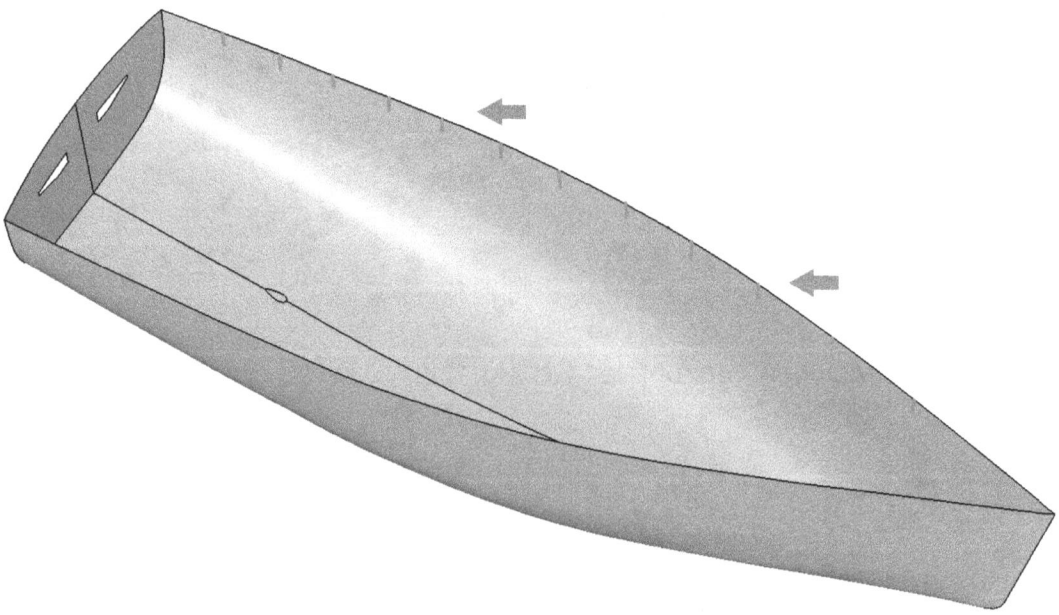

Fig.160.- Marcas de las secciones transversales (ST).

Partiendo de estas marcas, colocaremos las secciones transversales **ST**.
Antes de colocar dichas secciones, con el fin de facilitar el trabajo, estas se deben pintar o barnizar con varias capas para dar un acabado.

Pintadas o barnizadas las secciones transversales, lijaremos en todo el perímetro una franja de **5** cm. en cada lado para poder laminar con **3 Mat 450** gr/m2, que unirán las secciones al casco y a las cubiertas.Fig.161.

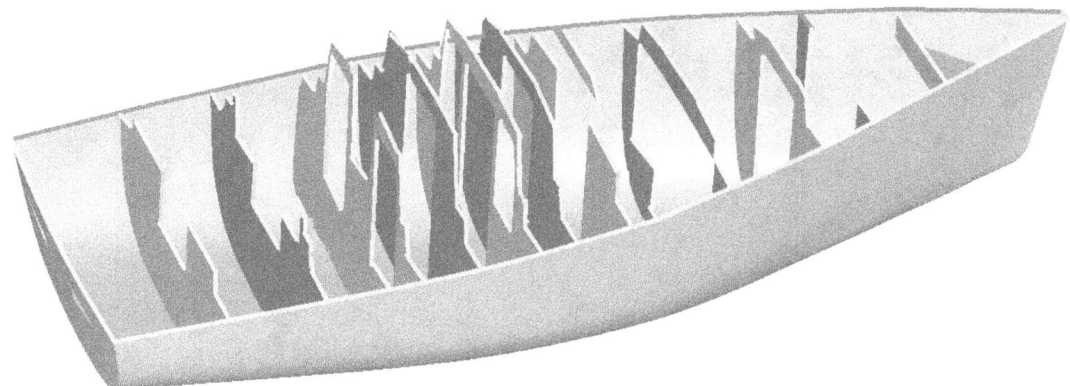

Fig.161.- Secciones transversales colocadas.

En la figura se indica con flechas las uniones de las secciones con el casco, de las franjas indicadas anteriormente.Fig.162

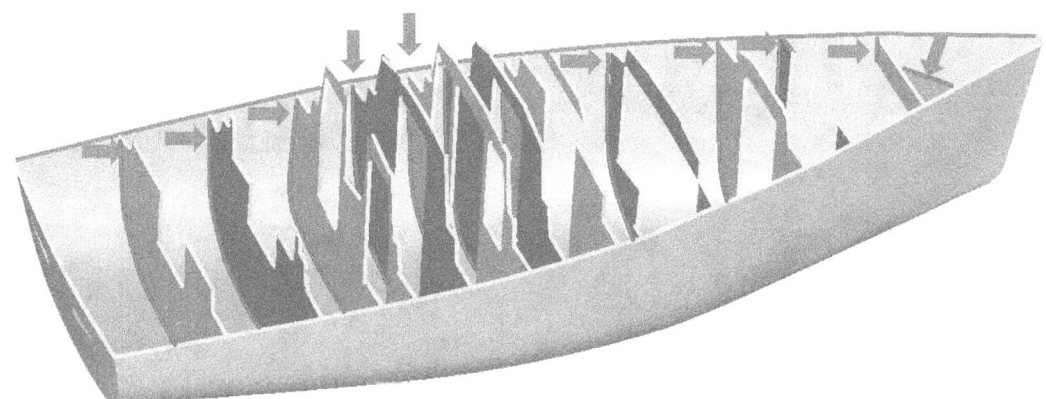

Fig.162.-Unión con el casco de las secciones transversales.

Sujetas las secciones transversales, ejecutaremos las partes superiores de las secciones transversales **ST**, ejecutaremos las secciones de la cabina, **ST,SL** y **SH**.Fig.163

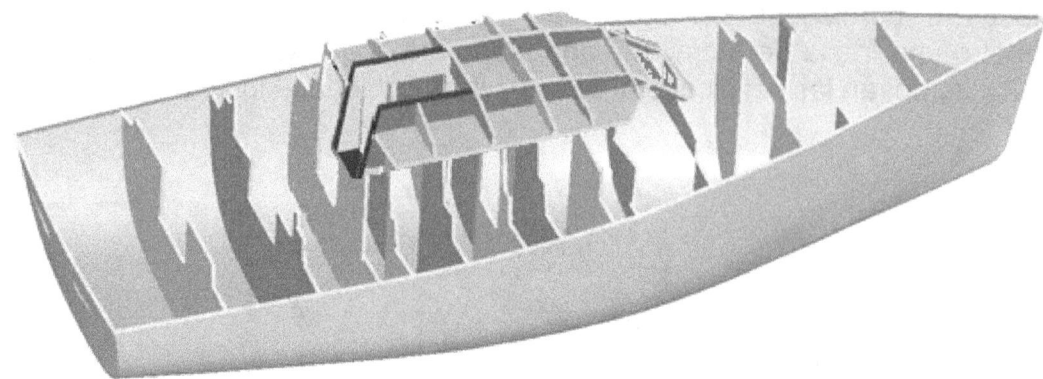

Fig.163.- Secciones cabina.

Realizamos los desagües del Tambucho, las ventilaciones del motor de entrada y salida de aire y colocamos la espuma de la cabina.Fig.164

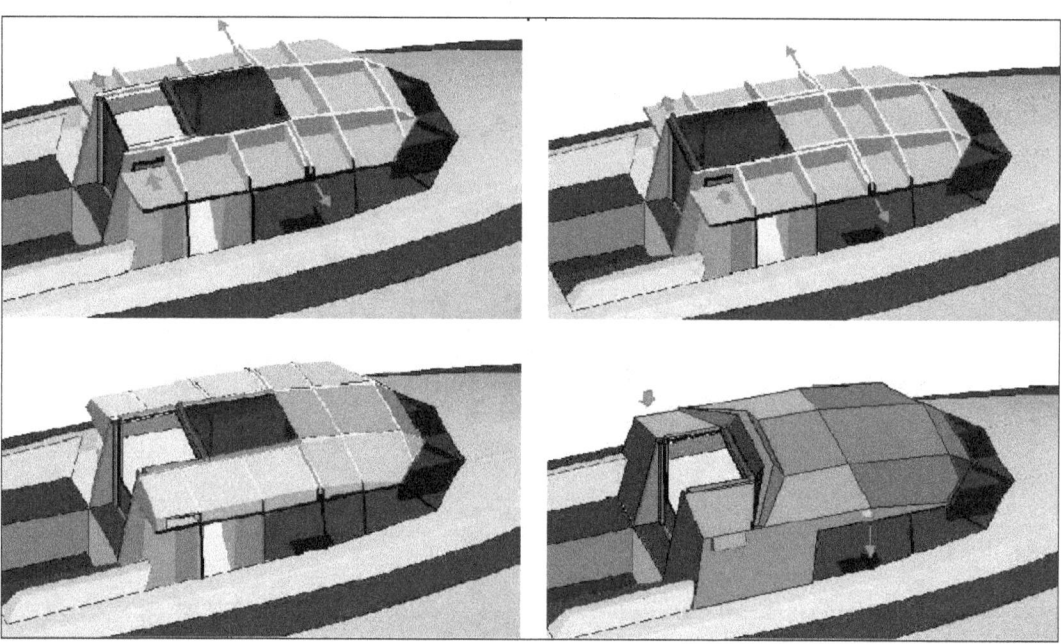

Fig.164.- Desagües, ventilaciones y espuma de la cabina.

16.-CUBIERTAS

CUBIERTAS

Colocaremos las secciones transversales a las que añadiremos piezas **A**, para fijar los tableros, que completen las formas de las cubiertas, estas piezas las retiraremos posteriormente se las secciones y de las cubiertas.Fig.165

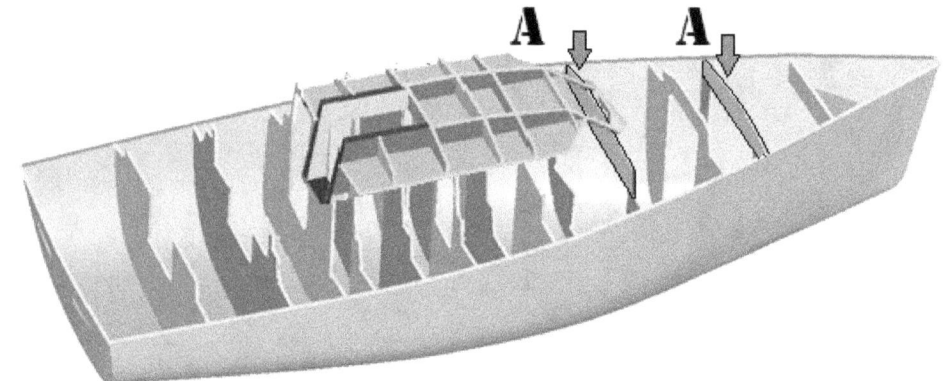

Fig.165.- Colocación de las piezas (A).

Colocadas las piezas **A** para completar las formas de las secciones transversales, colocaremos los tableros recortados que formaran las cubiertas, fijándolos con clavos sin cabeza para darles las formas.Fig.166

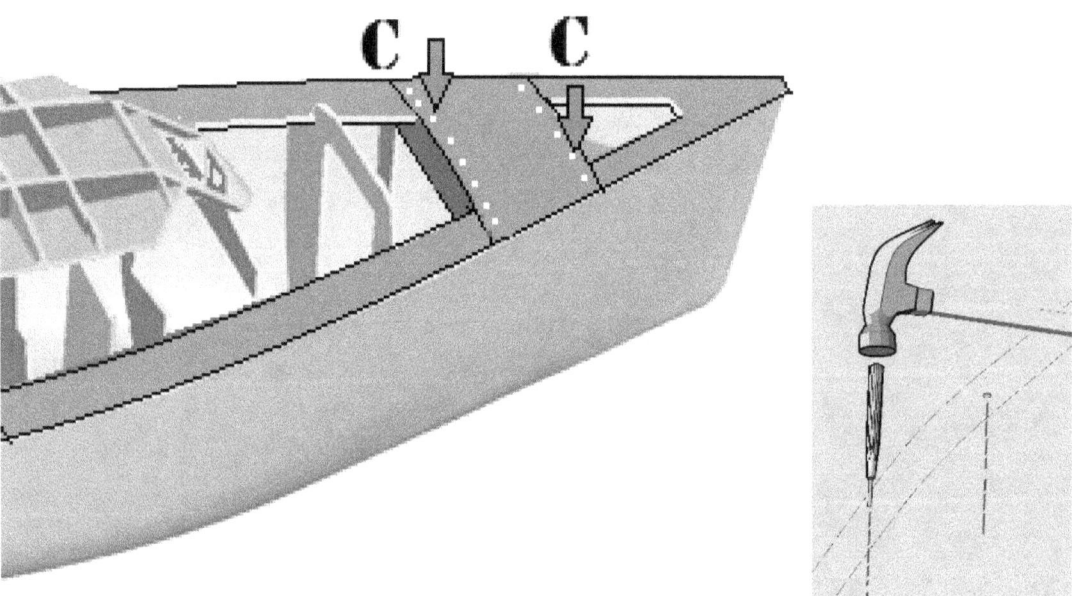

Fig.166.- Colocación y clavado de los tableros (C).

La unión de los tableros mediante cuñas invertidas, encoladas.Fig.167

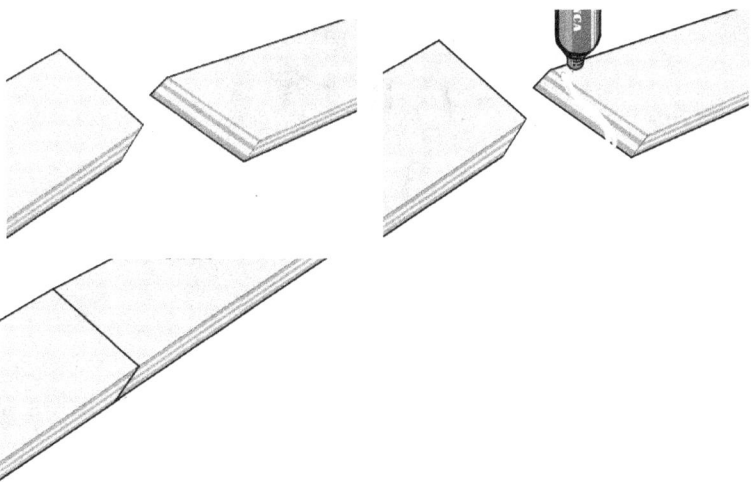

Fig.167.- Unión de los tableros.

Uniremos las piezas de la cubierta, encolándolas y fijándolas mediante clavos sin cabeza, como se ha indicado anteriormente.Fig.168

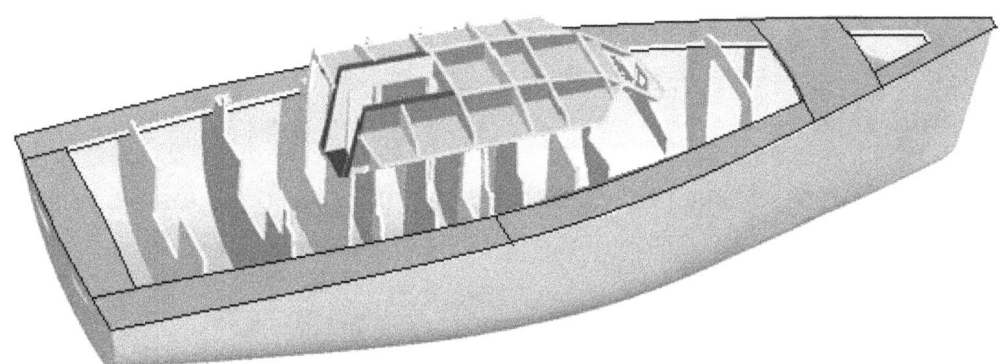

Fig.168.- Acabado de la cubierta principal.

Realizada la cubierta principal, colocaremos los tableros laterales, encolaremos estos a la cubierta principal, sujetándolos mediante alambres o correas de amarre de plástico.

Para unir la cubierta con los tablero verticales, perforaremos con una broca la cubierta y el tablero lateral, lo suficiente mente próximos par pasar el alambre o la correa de plástico de unión temporal hasta que la cola quede endurecida.

Colocados los alambres o las correas de unión, previa limpieza de la cola sobrante, haremos ½ caña con resinas con una carga de "Talco industrial", aplicándole el catalizador.

Para laminar con resinas **3** tiras longitudinales de "**Mat 450** gr/m2.", la primera será de **16** cm, la segunda de **12** cm, y la tercera de **8** cm, apoyadas al **50 %** entre la cubierta y el tablero lateral. Fig.169,170

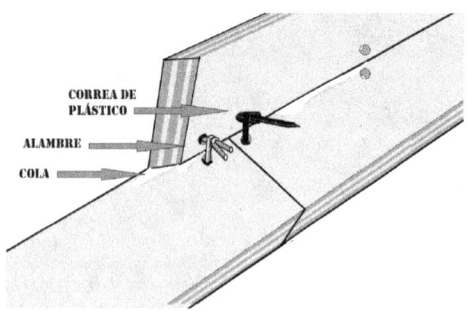

Fig.169.- Fijación con alambres o correas.   *170.- Correas de plástico.*

Unión con **3 "Mats 450** gr/m2, de distintos anchos: **16, 12** y **8** cm., colocados a lo largo del encuentro entre la cubierta y el tablero lateral.Fig. 170,171

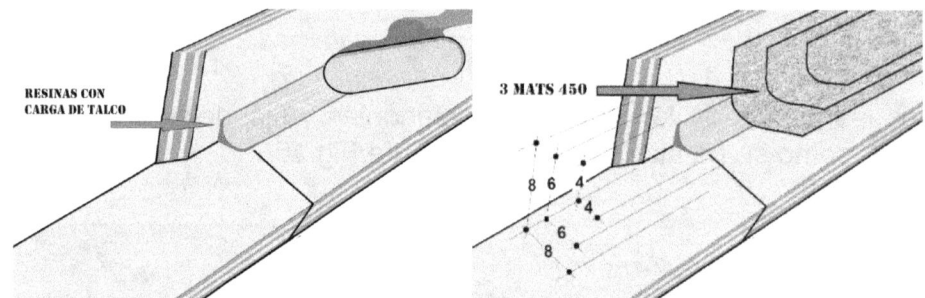

171.- ½ Caña de resina con carga.   *Fig.172.- Unión cubierta y lateral.*

Vista general del proceso descrito, que haremos igual con todos los elementos de la cubierta.Fig.173

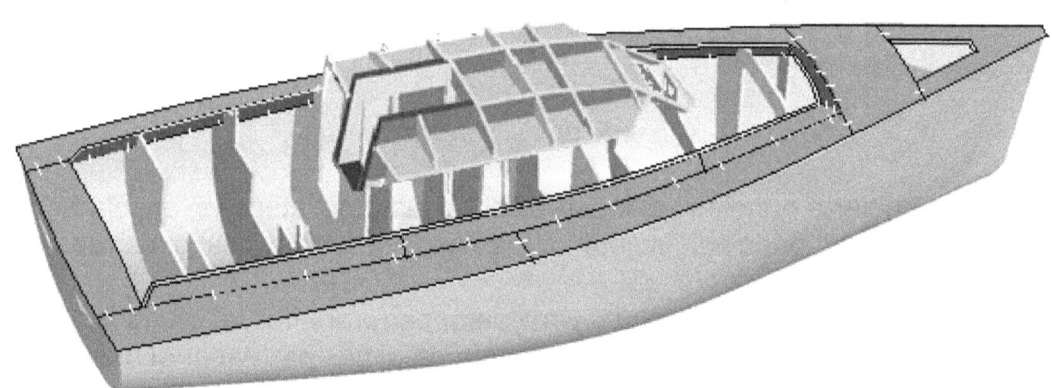

Fig.173.- Vista general de las uniones descritas.

Para realizar elementos curvados, utilizaremos tableros de grosores pequeños, **3** o **4** mm, curvaremos el primero, lo humedeceremos colocándolo sobre las piezas descritas anteriormente **A**, que sirven para dar forma y que sacaremos posteriormente.

Colocado y curvado el primer tablero, lo encolaremos y colocaremos el segundo tablero, lo sujetaremos con pinzas o sargentos. Una vez seca la cola, haremos la misma operación con el tercero.Fig.174

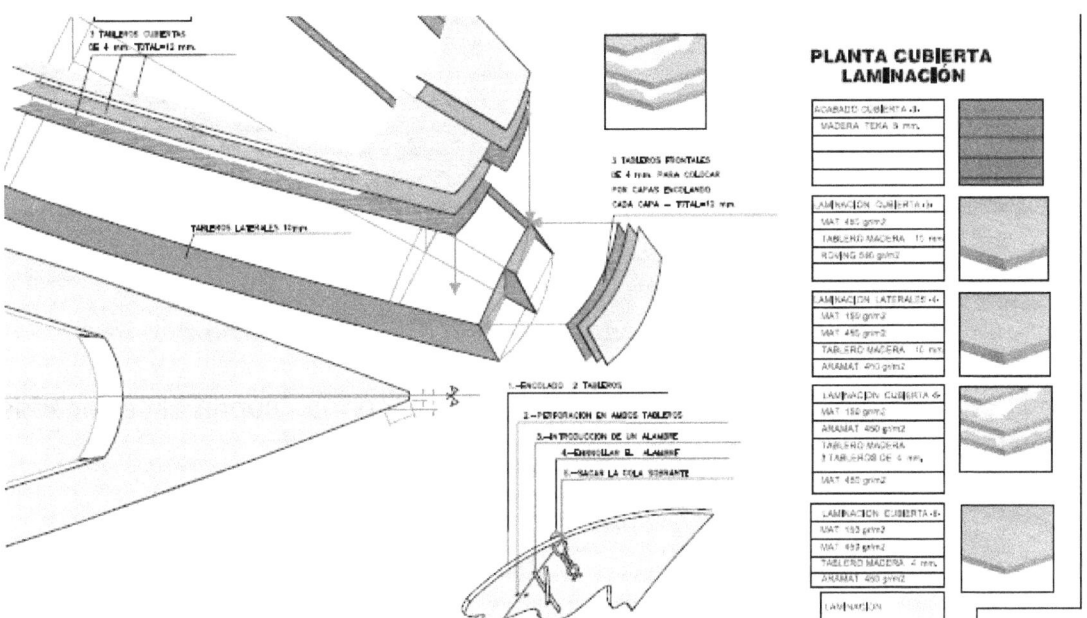

Fig.174.- Vista general de las uniones curvas descritas.

Realizaremos las cubiertas y la cabina con los tableros indicados en los planos, laminando las partes exteriores de las cubiertas y la cabina.Fig.175

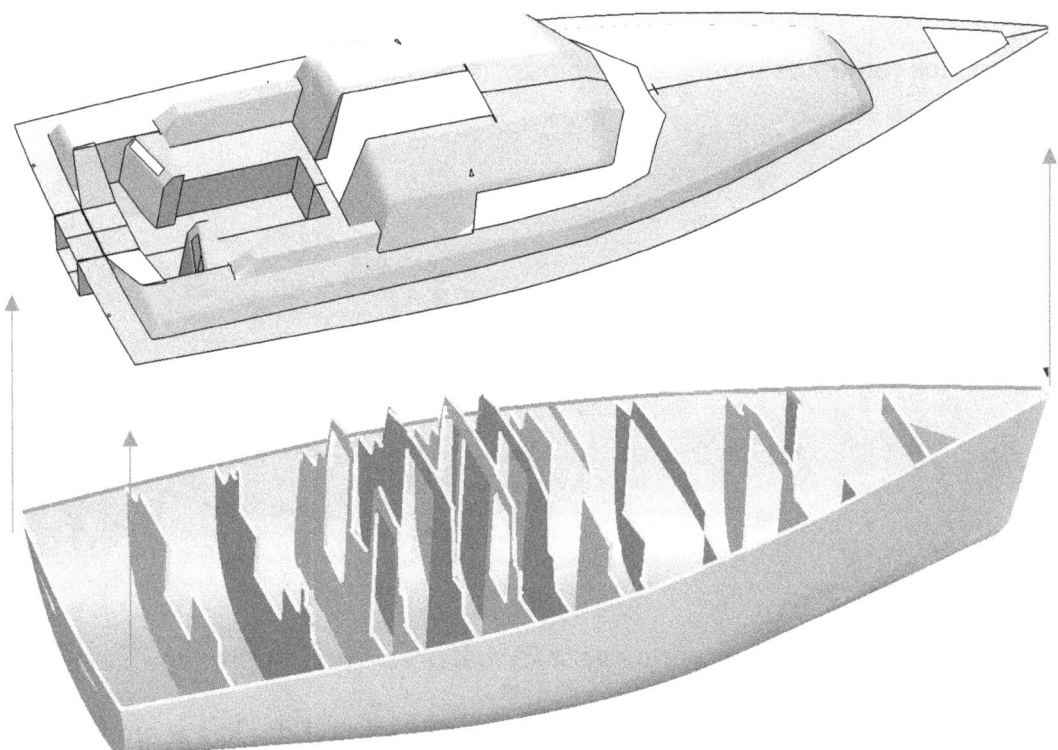

Fig.175.- Laminación exterior de las cubiertas y la cabina.

Una vez realizada las laminaciones exteriores sacamos la cubierta y la giramos, colocando las partes interiores a la vista para poderlas laminar y colocar los refuerzos, sacando los elementos auxiliares que nos ha servido para dar la forma a las cubiertas. Fig.176

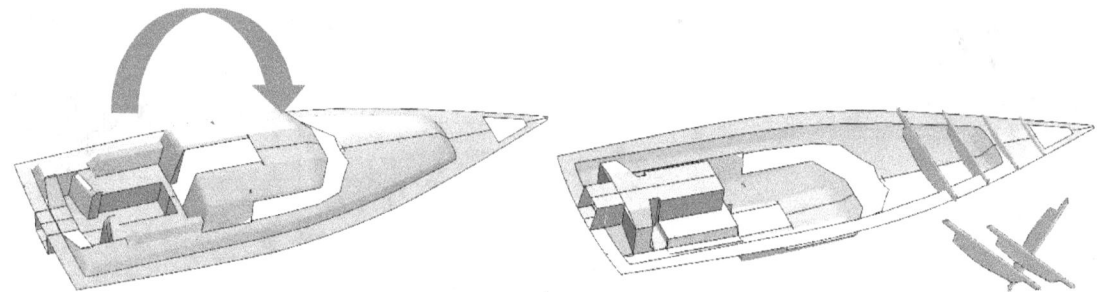

Fig.176.- Giro de la cubierta para las laminaciones interiores.

Con la cubierta girada laminamos la parte interior, con las capas especificadas en los planos.Fig.177

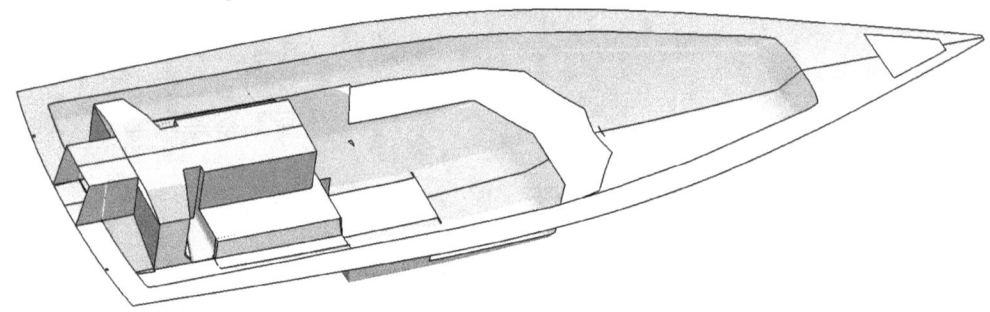

Fig.177.- Cubierta girada para las laminaciones interiores.

Colocamos los refuerzos metálicos, laminándolos a la cubierta principal.Fig.178

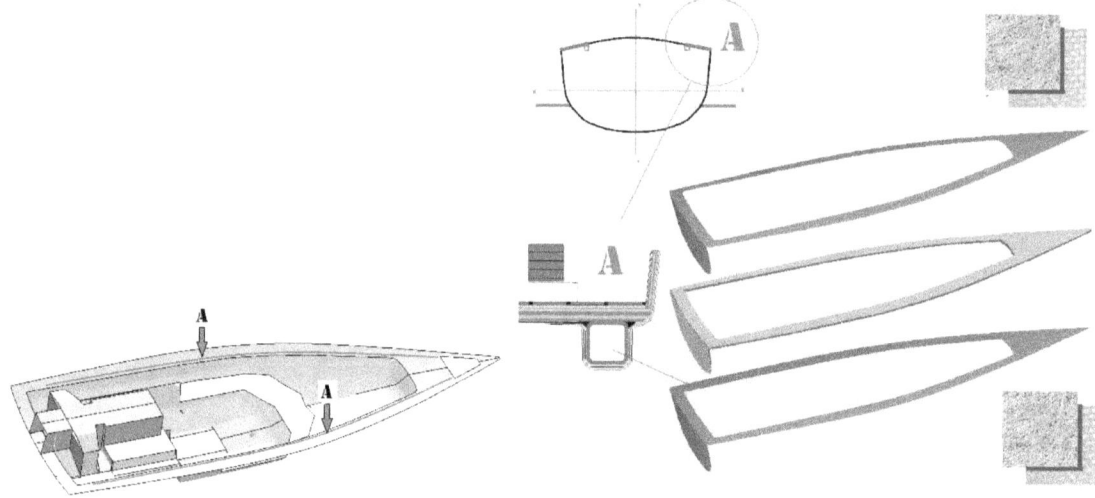

Fig.178.- Cubierta girada para las laminaciones interiores.

Laminadas las cubiertas exteriores e interiores, pasamos a dar los acabados de gelcoat, solo a las partes exteriores, aplicamos maderas barnizadas en la cabina, como elementos decorativos y de acabado, personalizando el diseño y aplicando madera de teca en la cubierta, como un elemento antideslizante.

Acabado los trabajos colocamos la cubierta sobre el casco, sellando perimetralmente la unión de ambos.

En los interiores sacaremos las maderas auxiliares, que hemos colocado en la parte superior de las secciones, para hacer la cubierta y laminaremos una franja de **3 mats** de **450** gr/m2, de la forma descrita anteriormente, colocándolos por ambas partes de las secciones, para unir la cubierta y cabina. Fig.179

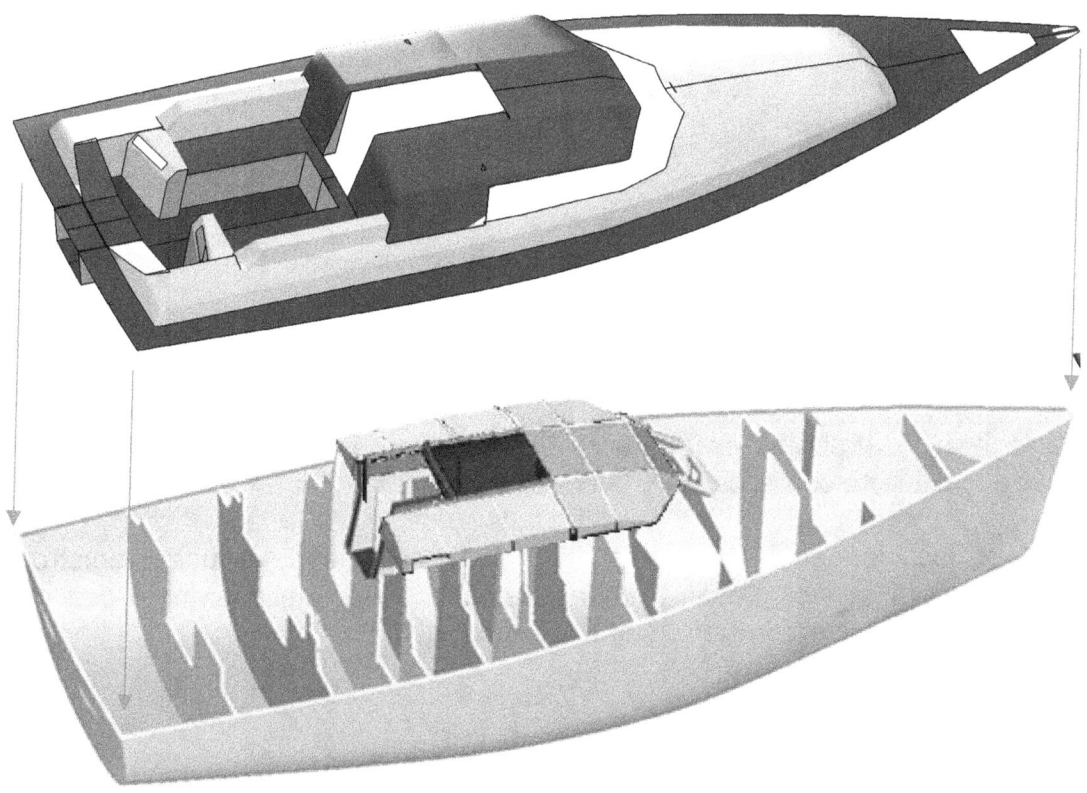

Fig.179.- Colocación de la cubierta acabada en el casco.

Sellado y unión perimetral del casco con la cubierta, mediante laminación de una franja de fibra de vidrio, según especificaciones.Fig.180

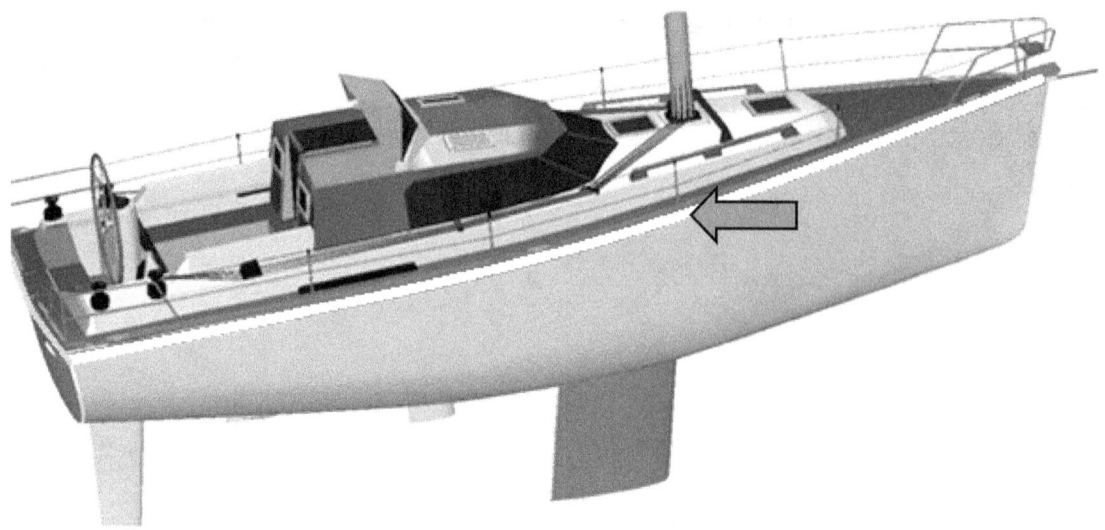

Fig.180.- Unión de la cubierta con el casco.

Acabadas las uniones colocaremos los equipos de maniobra, mástil, velas, cornamusas, candeleros, etc.

Para facilitar los trabajos es interesante colocar el motor antes de hacer la unión de la cubierta con el casco y las instalaciones.

Para la colocación de la orza y el **IRF**, se tiene que dejar unos registros accesibles para su colocación y manipulación de las pletinas metálicas de apoyo y su fijación con las tuercas anti retorno.Fig.181

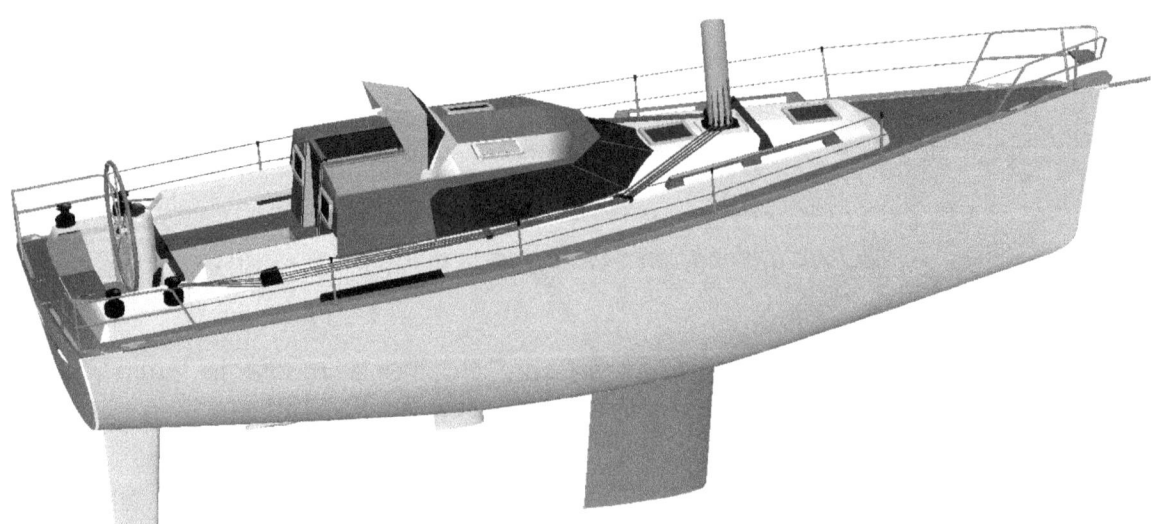

Fig.181.- Embarcación acabada "Delfín 35 E" IRF.

REFUERZOS DE CUBIERTA

Realizada la cubierta y la cabina tal como se ha descrito en el **Método 1**, colocaremos los refuerzos de la cubierta por la parte interior, laminándolos a la misma.

En el **Método 1**, se explicaron estos refuerzos realizados con un perfil metálico. En este **Método 2**, en el que se pretende aligerar la embarcación de peso, este perfil metálico lo podemos substituir por perfiles existentes en el mercado del tipo rectangular, realizados con fibra de vidrio de la casa "**polymec**" o similar. Fig.182.

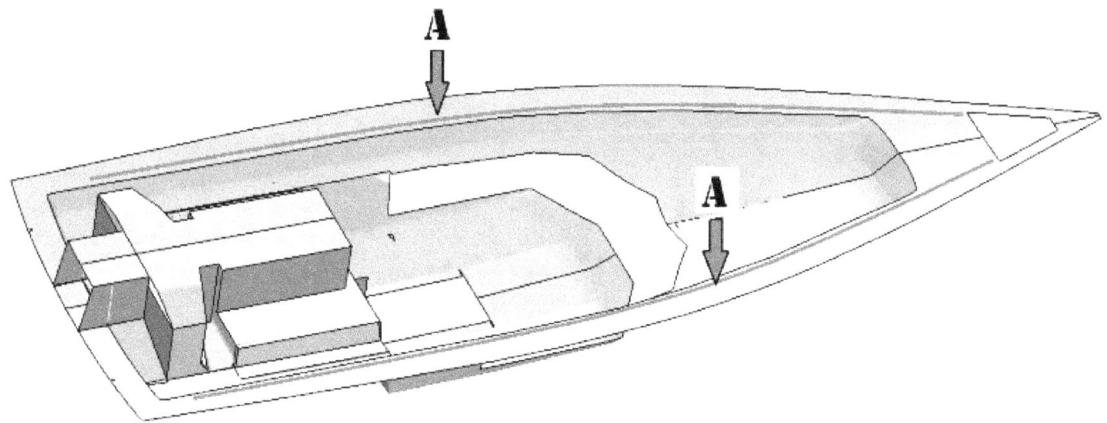

Fig.182.- Refuerzos bajo cubierta.

17.-TIMÓN

TIMÓN

La construcción de la pala del timón, con la parte interior de espuma revestida con poliéster, con un acabado de Gel coat con eje de acero inoxidable, lo realizaremos siguiendo las especificaciones de los planos.

Para que el timón gire con facilidad, introduciremos entre el cilindro de acero inoxidable, que irá fijado al casco y el eje, un cilindro intermedio de "**Teflón**". Fig.183

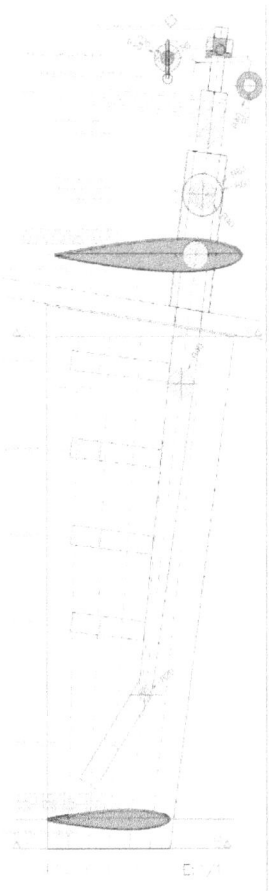

Fig.183.- Perspectiva pala, plano técnico, núcleo de espuma.

CONSTRUCCIÓN DEL TIMÓN

El proceso de construcción de la pala, sigue los siguientes pasos:

1.- Cortaremos el perímetro de la pala en un tablero de contrachapado de **G= 10** mm., siguiendo los planos de las plantillas del timón **E: 1/1**.
2.- Recortado el perímetro, recortaremos unas franjas interiores, para emplazar el eje con sus patas. ". Fig.184

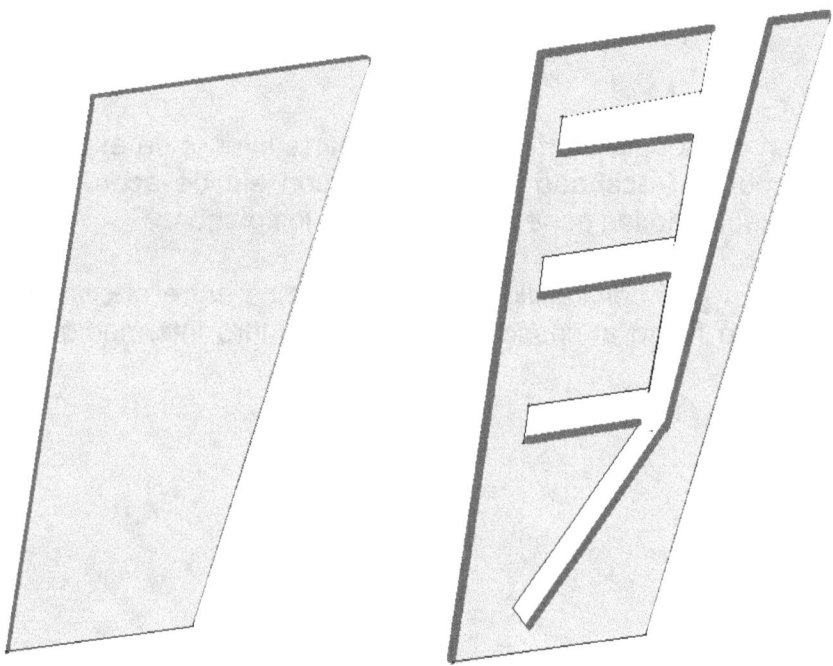

Fig.184.- Tablero de madera. Corte de la pala del timón.

3.-Colocado el eje en el interior del tablero, procederemos a sujetarlo al mismo, mediante el laminado de tiras de Mat con resinas. ". Fig.185

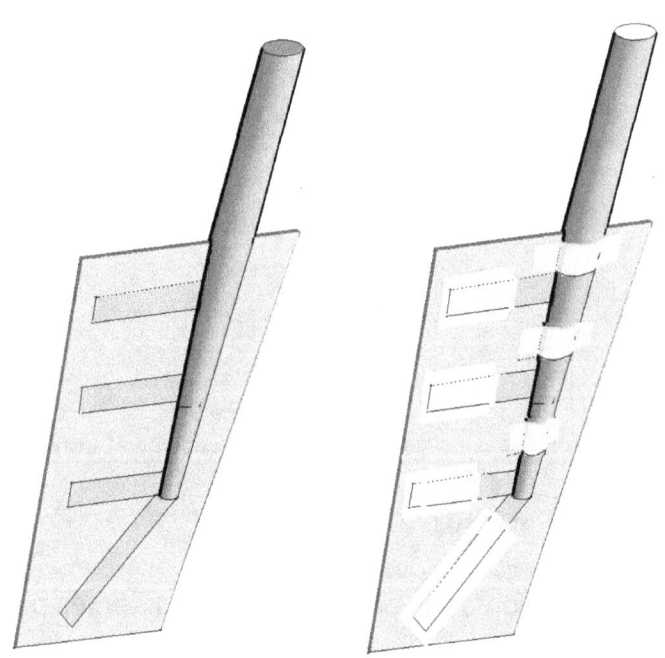

Fig.185.- Colocación y sujeción del eje metálico.

4.- Colocaremos en la parte superior e inferior, los tableros recortados con la forma del perfil **NACA** (**G=10** mm), indicado en las plantillas **E:1/1**. Seguidamente dividiremos el perfil Naca superior en varias partes (iguales), haremos lo mismo con el perfil Naca inferior.

5.- Cogeremos un listón y lo cortaremos, en un extremo con la altura de la parte superior del perfil Naca, que hemos dividido y en el otro extremo, la altura del perfil inferior de la parte correspondiente.

6.- Seguiremos la misma acción en cada sección de los perfiles superiores e inferiores.

7.- Colocados los perfiles, rellenaremos con paneles de espuma los volúmenes existentes entre los listones que hemos colocado. Mediante un Cúter, daremos forma a la espuma colocada, adaptándola a los perfiles y listones colocados. ". Fig.186

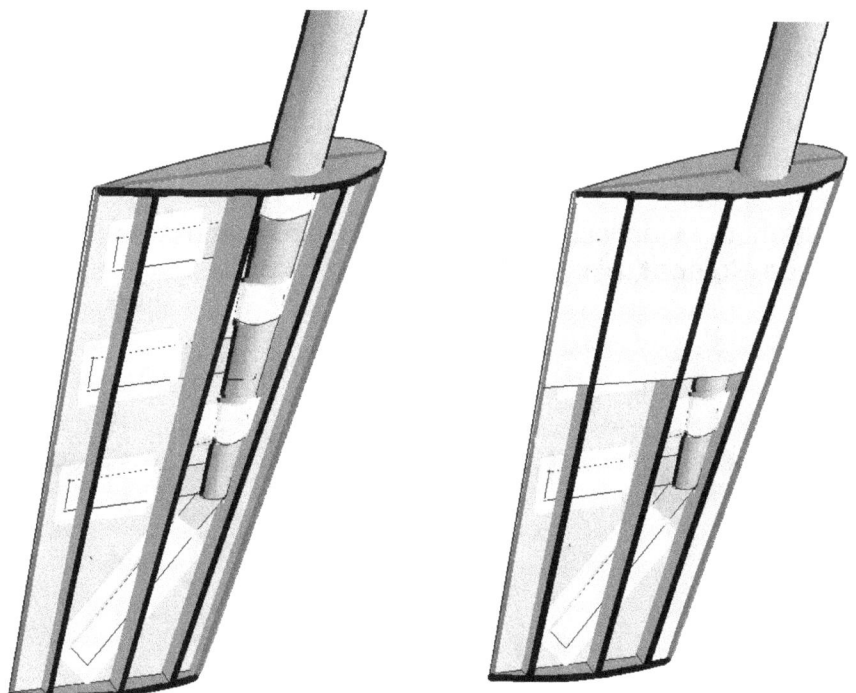

Fig.186.- Colocación listones para dar la forma. Relleno de espuma entre listones.

8.- Colocada y encolada la espuma, situaremos los tableros de contrachapado **G=3** mm, humedeciendo la parte del tablero que da al exterior de la pala, procediendo a realizar unos cortes longitudinales a lo largo de la pala, de forma superficial no profunda, mediante un Cúter, con el fin de facilitar el doblado del tablero y su adaptación al volumen de la pala.

Este lo sujetaremos mediante tornillos inoxidables, de cabeza plana, para que no sobresalgan de la superficie del tablero. ". Fig.187

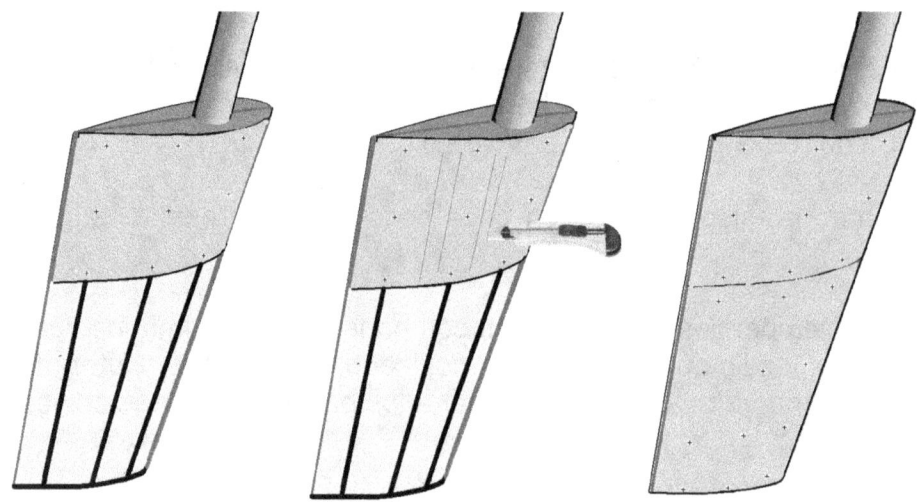

Fig.187.- Colocación del tablero (G=3mm.) cubrición listones y espuma.

9.- Laminamos mediante capas de Mat y Tejido las superficies de madera, previo redondeo de las aristas e impregnación con resinas de las superficies.

Posteriormente a la aplicación de resinas, pintaremos las superficies con varias capas de **Gelcoat**, Fig.188

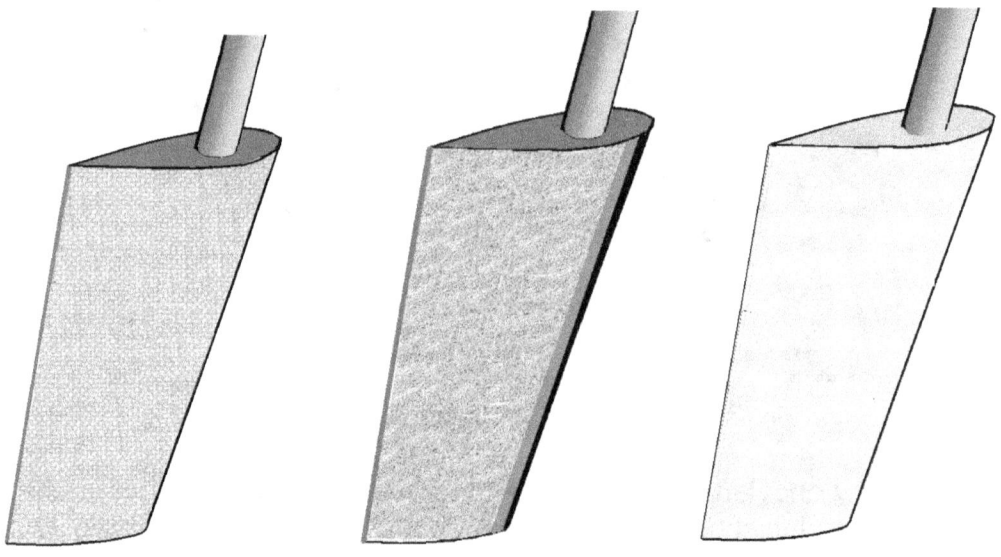

Fig.188.- Capas de Tejido, Mat y acabado con gelcoat.

10.- Acabada la pala del timón, perforaremos el casco de la embarcación, con el diámetro correspondiente al eje del timón. Una vez realizada la perforación, pasaremos este por el agujero.

Situado el eje añadiremos un cilindro hueco de Teflón **G=10** mm, cuyo diámetro interior sea el del eje del timón. Fig.189

TABLA 19

DESCRIPCIÓN	SITUACIÓN
1.- Perforación del casco para el paso del eje de la pala.	
2.- Colocación de la pala, introduciendo el eje por la perforación.	
3.- Introducción de un cilindro hueco de Teflón, para servir de rodamiento del eje del timón. Diámetro interior igual al del eje (G=1cm).	
4.- Introducción de un cilindro de inox. hueco con un diámetro interior igual al diámetro exterior del cilindro de Tefón.	

TODOS LOS DERECHOS RESERVADOS

5.- Laminación con fibra de vidrio y resinas, alrededor del cilindro de inox., para unirlo con el casco.	
6.- Colocación de un sector de aluminio, para la conexión posterior de los cables que daran el giro del eje de la pala del timón.	
7.- Situación del timón sobre el piso de la bañera. Sujección en el piso de la bañera mediante un pasador que atraviesa el extremo del eje, por la parte superior.	
8.- Situación del pedestal del timón sobre el piso d e la bañera.	

9.- Colocación de las poleas, cables, muelles y cadena colocada en una rueda dentada tipo bicicleta.	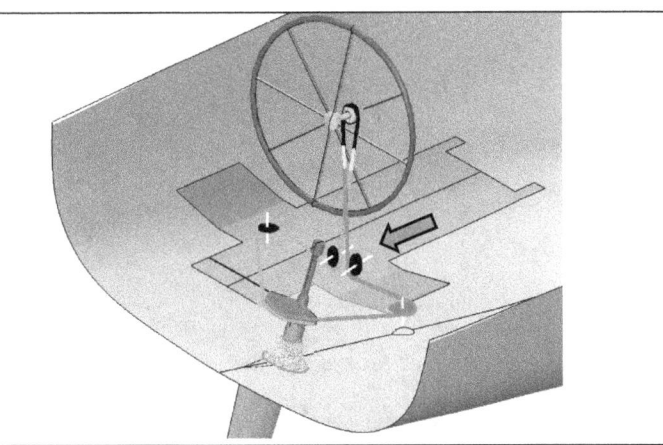

FUNCIONAMIENTO DEL TIMÓN

DESCRIPCIÓN	COLOR
CADENA.- Piñón dentado con eje fijo y cadena de bicicleta.	(negro)
MUELLE.- Muelle elástico, para evitar rupturas.	(blanco)
CABLE DE INOX.- Colocado a estribor para mover la pala hacia babor.	(gris claro)
CABLE DE INOX.- Colocado a babor para mover la pala hacia estribor.	(gris)

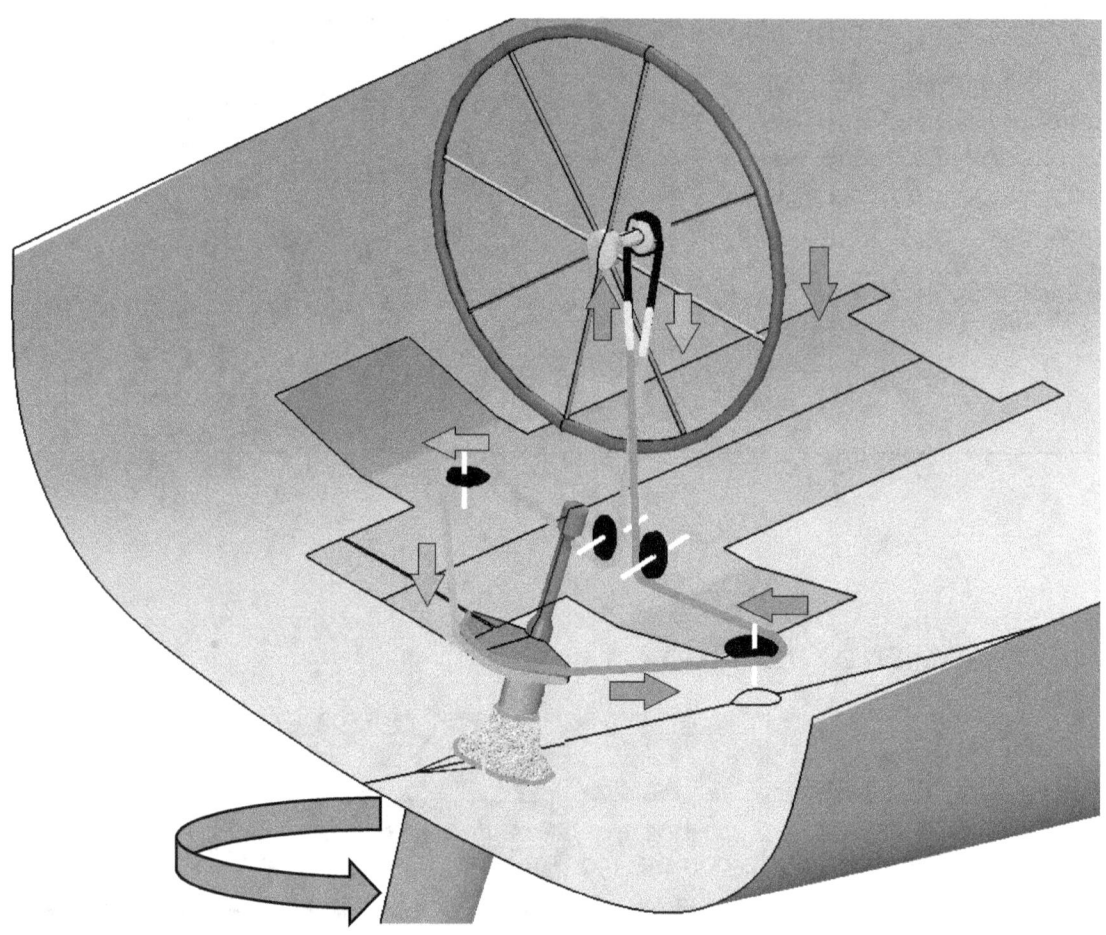

Fig.189.- Movimiento de las poleas y cables, para los giros del timón.

18.-LASTRE

ORZA MACIZA (Lastre)

Tanto en el **Método 1** como en el **Método 2**, las embarcaciones descritas, llevan como lastre una Orza simple, formada por un perfil Naca, continuo, formado con un revestimiento exterior de acero inoxidable, con redondos estructurales del mismo material soldados a la chapa de revestimiento, que se sujetaran al casco mediante roscas (anti retorno), situadas sobre unas pletinas en la parte interior del casco. En el interior del revestimiento de inoxidable, lleva un macizado de plomo.Fig.190

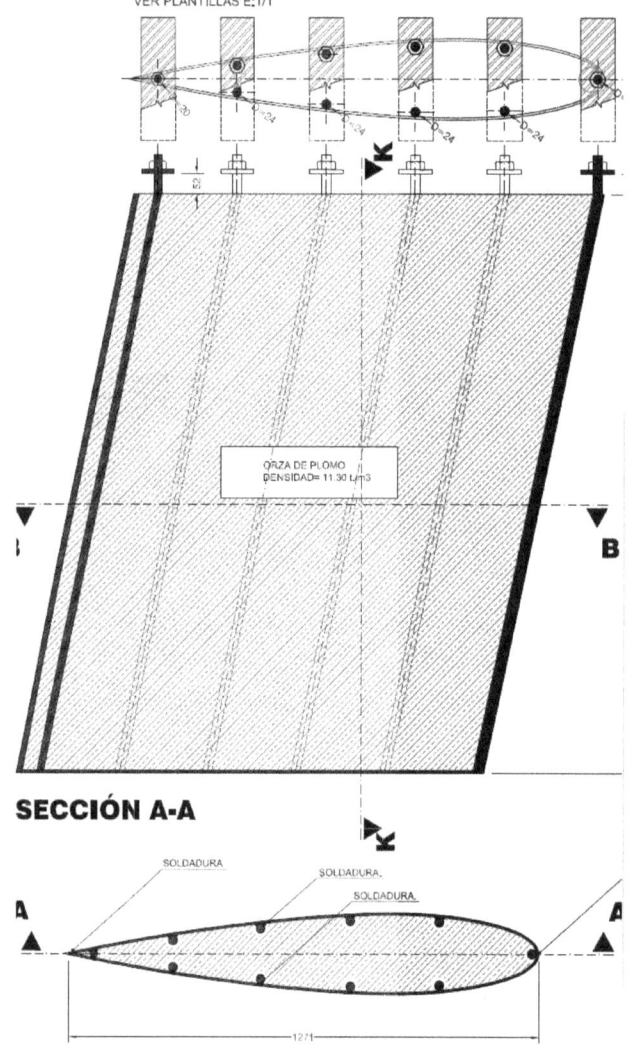

Fig.190.- Orza de inoxidable con relleno de plomo.

La orza escogida de revestimiento de inox., tiene como motivo principal el facilitar su construcción, al crear una especie de cubeta en el perfil Naca, que sirve de molde para el llenado con plomo de su interior, evitando hacer noyós de madera para introducirlos en grandes moldes de arena compactada, que posteriormente se tiene que sacar el noyó de madera, para llenar la cavidad que quede con plomo. Esto requiere mucha especialización, en trabajos de fundiciones.

Como los proyectos están enfocados para ser construidos en plan amateur, no tendría sentido hacerlo de la forma tradicional.

Seguidamente veremos el proceso de construcción de dicha Orza.

1.- Disponemos de una chapa de inox. **A** de **3** mm, que la curvaremos dándole la forma del perfil Naca, recortaremos otra chapa plana de **5** mm, para la base **B**.Fig.191

2.- Uniremos las dos **A** y **B**, mediante un cordón de soldadura continúo **S**.Fig.192

SISTEMA CONSTRUCTIVO

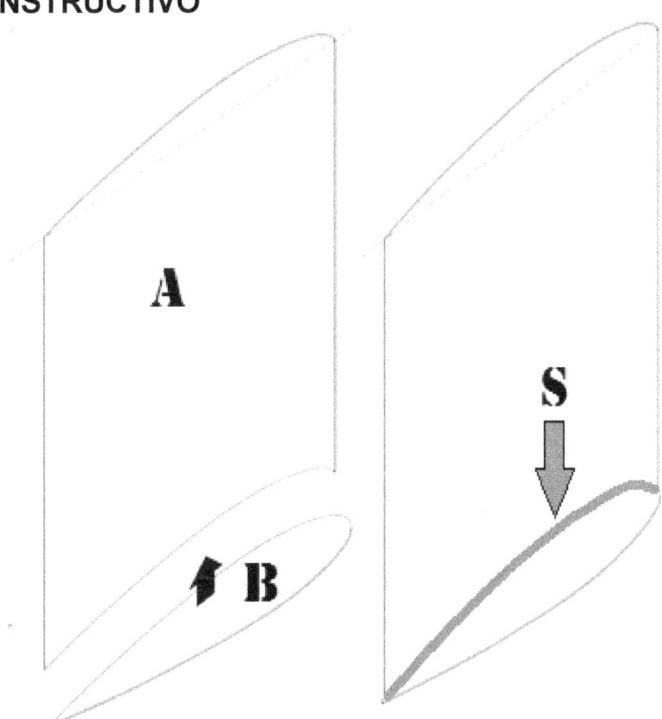

Fig.191.- Capas A y B.   *Fig.192.- Unión con cordón de soldadura (S)*

3.- Cogemos varillas de inox, para su colocación vertical, que tengan en la parte superior un paso de rosca, y las unimos junto con otras varillas horizontales, para que mantengan las distancias.

Situamos las varillas en la parte interior y las soldamos a la chapa vertical de cierre lateral del perfil y a la chapa base **S**.

4.- Introducidas las varillas y soldadas, cerramos con otra chapa lateral opuesta a la anterior, esta chapa llevara una serie de perforaciones longitudinales, que servirán para soldar las varillas a esta nueva chapa.Fig.193, 194

Antes de soldar las varillas hay que hacer un cordón de soldadura perimetral en la chapa inferior de base y otro vertical para la unión de las dos chapas en la parte trasera del perfil.

La unión delantera vertical de las dos chapas, la haremos utilizando un redondo más grueso diámetro **D=30** mm. con el fin de recibir cada chapa por un lado y así crear un acabado circular correcto.

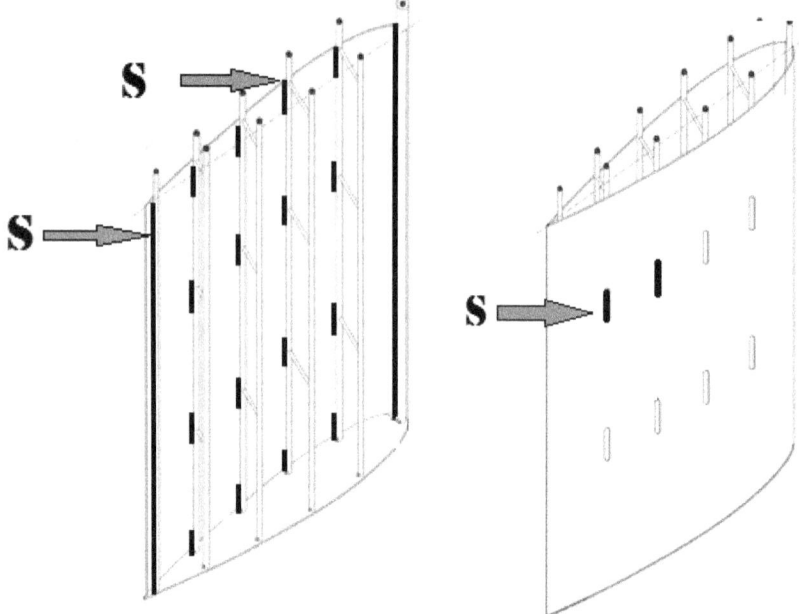

Fig.193.- Soldadura de las varillas (S). *Fig.194.- Soldadura de las perforaciones (S).*

5.- Cerrado todo el conjunto, queda un recipiente que hace la función de molde, para recibir el plomo fundido, trabajo que podemos realizar personalmente, sin necesidad de ir a una fundición, Fig.-195, 196

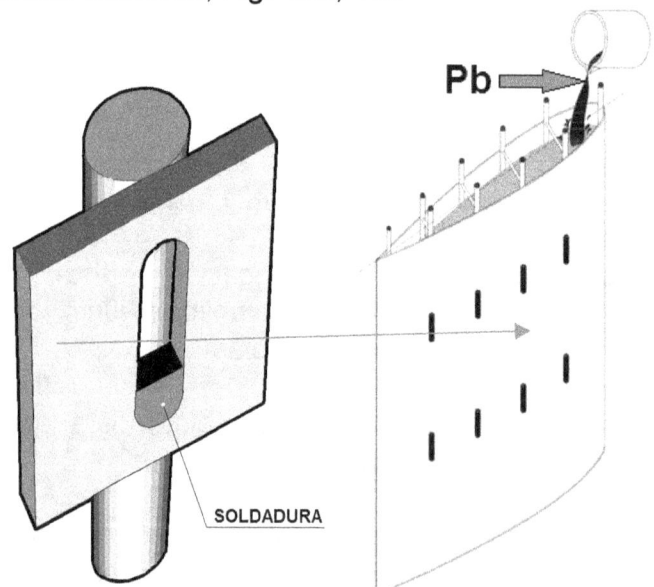

Fig.195.- Detalle soldadura perforación. *Fig.196.- Relleno de plomo.*

ORZA MACIZA PARCIAL (Lastre)

Con el mismo diseño de Orza, podemos conseguir una disminución de peso de la misma rellenándola parcialmente.

TABLA 19

MATERIAL	IMAGEN	TRABAJOS A REALIZAR
1.- CHAPA inoxidable		Curvado de la chapa para adaptarla a la forma del perfil Naca.
2.- BASE inoxidable		Recorte de una chapa con la forma del perfil Naca.
3.- UNIÓN soldadura		Unión mediante cordón de soldadura de todo el perímetro de la chapa vertical con la chapa horizontal de base.
4.- REDONDOS inoxidable		Colocación de los redondos soldándolos con la chapa vertical y base. Los redondos llevan en la parte superior un paso de rosca, para su fijación en el casco.

5.-CIERRE inoxidable		Cierre de la parte inferior vertical, con una chapa de inoxidable, mediante un cordón de soldadura que recorra el perímetro de unión.
6.-RELLENO plomo		Relleno de plomo fundido del recinto inferior del perfil, mediante plomo fundido. Se colocaran tornillos horizontalmente en la chapa para conseguir la unión de las armaduras con los tornillos de la chapa y el plomo.
7.-CHAPA		Chapa perforada para cubrir y cerrar la parte superior del perfil.
8.- CIERRE		Cierre total de la Orza mediante soldadura perimetral de las uniones entre las chapas y las perforaciones con las varillas.
9.- PERFORACION		Detalle de la soldadura de unión de la chapa con la varilla interior.

TODOS LOS DERECHOS RESERVADOS

10.-RELLENO espuma		Relleno de espuma de la parte superior hueca del perfil.
11.- CIERRE inoxidable		Pieza de cierre de inox, de la parte superior, grueso 5 mm.
12.- SOLDADURA		Pieza de cierre superior soldada perimetralmente y con las varillas. Para la colocación cubrir esta pieza con silicona. Esta dará estanquidad a las perforaciones del casco para el paso de las varillas.

INSTALACIÓN DEPÓSITOS Y BATERIAS

La situación de los depósitos y baterías los situaremos en el tercio central de la embarcación, con el fin de centrar los pesos. Fig.197

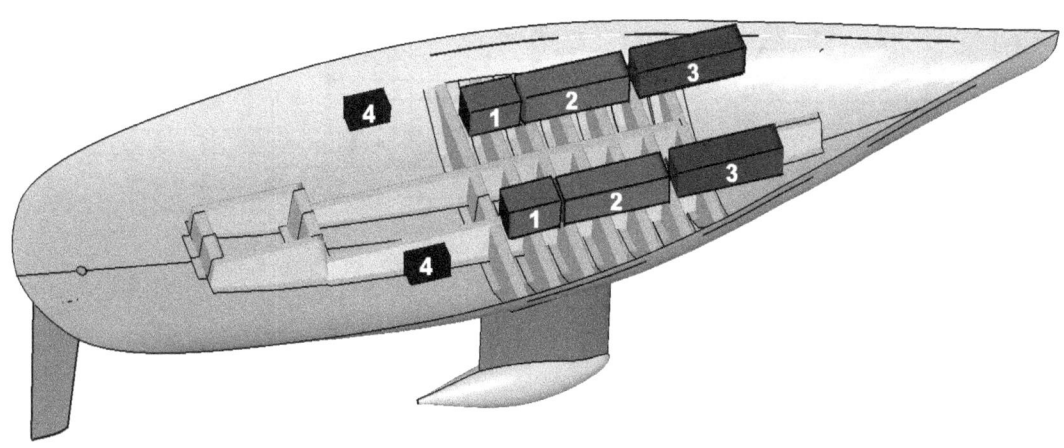

Fig.197.- Distribución depósitos y baterías

TABLA 20

CONCEPTOS	COLOR	DESCRIPCION
1.- Aguas negras		Depósitos recogida de aguas procedentes de los lavabos, inodoro, fregadero cocina y desagüe de la nevera. Conectados con una sola salida.
2.- Depósitos combustible		Depósitos de combustible (gas-oil), situados en la zona central de la embarcación
3.- Depósitos de agua		Depósitos de agua, conectados entre sí y situados en la zona central de la embarcación
4.- Baterías		2 Baterías, 1 de servicio y 1 auxiliar

Las instalaciones de estos se harán de acuerdo con las especificaciones de las casas suministradoras de los mismos. Fig.-198.

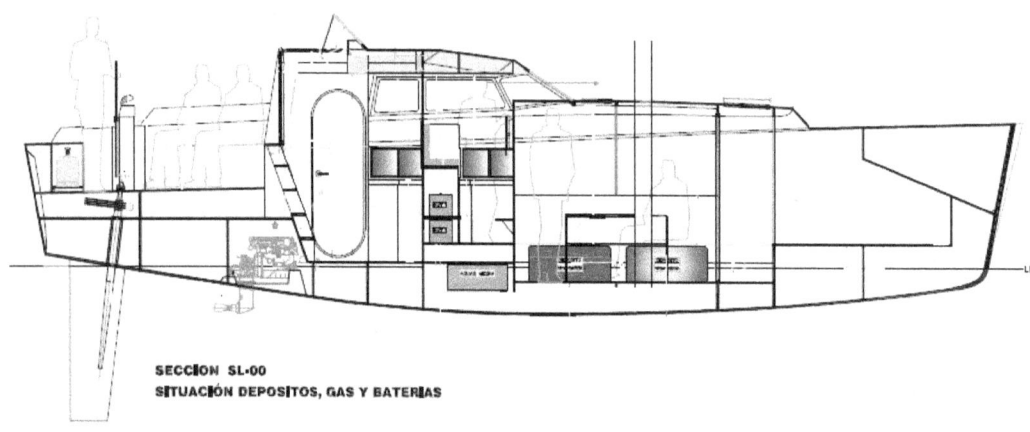

Fig.198.- Sección longitudinal instalaciones.

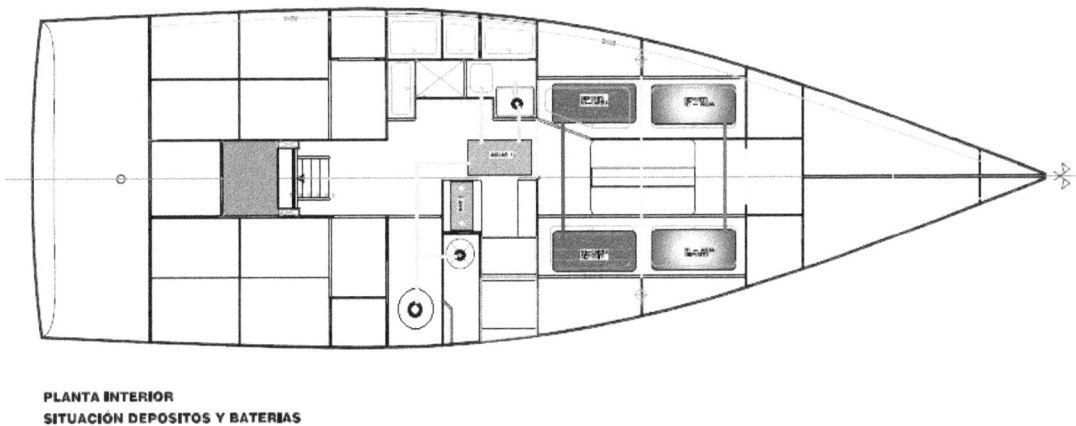

Fig.199.- Planta situación y conexiones instalaciones.

INSTALACIÓN –IRF–

La instalación del **IRF**, como solución simple, pondremos una llave de paso en la parte inferior del piso, de forma que pueda recoger el agua, conectando mediante una manguera unida aun pasa cascos de inox., al exterior, quedando conectado el interior con el exterior del casco.

La abertura de la llave de paso hace que se produzca unos vasos comunicantes entre el agua interior y el exterior, haciendo que recupere el nivel de flotación.
El empuje que se produce por los volúmenes protegidos con espuma, situados en las partes inferiores del interior del casco, por debajo de la línea **IRF**.

Podemos ver dos situaciones:

1.- Si situamos una parte del piso por debajo de la línea **IRF**, para conseguir más altura en el interior. Esta solución hará que cuando accionemos la válvula de paso **IRF**, evacuará el agua interior, dejando con agua la zona que está situada por debajo de la línea **IRF**. Fig.-200

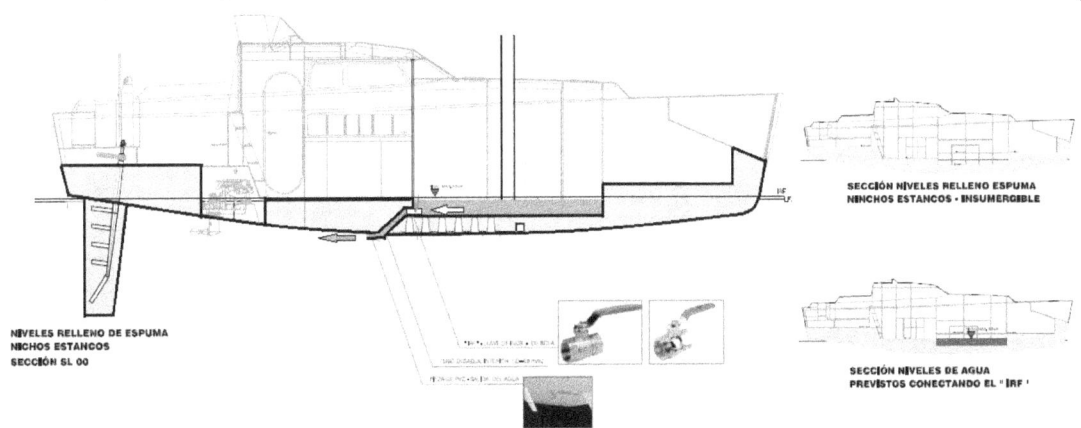

Fig.200.- Solución 1- Desagüe parcial del interior.

2.- Si situamos todo el piso a nivel de la línea **IRF**. Esta segunda solución hará que al accionar la válvula de paso **IRF**, evacuará el agua interior, dejando sin agua el piso de la embarcación. Fig.-305.

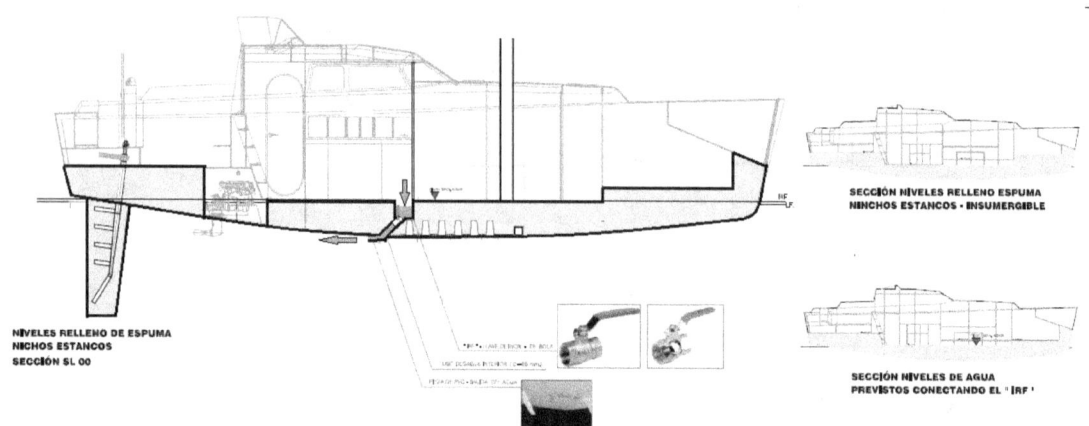

Fig.201.- Solución 2 – Desagua total del interior.

19.-PUBLICACIONES

PLANOS, PLANTILLAS Y DOCUMENTACIÓN

Libro con el índice de las carpetas con los planos, plantillas y documentación, para solicitar los archivos ejecutivos de estos, habrá de rellenarse una ficha, existente en el mismo, confirmando la adquisición de estos, por correo electrónico a *J.I.Raduan@gmail.com*

Planos para la construcción amateur, núcleo de madera, en:
Lulu.com, sección libros buscar en **Delfín35M**

TODOS LOS DERECHOS RESERVADOS

Planos para la construcción amateur, núcleo de espuma, en:
Lulu.com, sección libros buscar en **Delfín35E**

www.ingramcontent.com/pod-product-compliance
Lightning Source LLC
Chambersburg PA
CBHW081046170526
45158CB00006B/1873